当病毒来敲门，我们如何做好居家防护？

当城市笼罩了疫情的阴云，社区管理者如何守好住区这道防线？

当人类长期面临传染病的威胁，建筑师、工程师们如何建设好我们的住区？

2020年爆发的新冠病毒肺炎疫情在全球造成了广泛而深远的影响，有研究指出，人类将长期与新冠病毒共存，未来健康住区加强防疫将是一个长期议题，这迫使我们审视当前住宅与社区设计在防疫方面的盲区和短板。本书回顾了人类历史上城市文明因瘟疫变迁的历史，介绍传染病病原体的滋生和传播方式、抑制和灭杀技术，从住区规划及配套服务设施、小区的公共空间卫生、住宅建筑的防疫措施，以及正在快速发展中的智慧社区技术应用等方面，从设计策略到具体措施，进行了较为系统的思考，也是对当代建筑学边界的一次探索。

健康住区防疫ABC

The ABCs of Epidemic Prevention in Healthy Residence Design

夏洪兴　林　朗　张育南 ◎ 著

中国建筑工业出版社

序　言　一

2020年席卷全球的"新型冠状病毒肺炎"（COVID-19）疫情给世界带来巨大的冲击，导致各国部分停工停产，商场、餐厅、影剧院关门，学校停课，孩子和大人在家隔离，社会活动停顿。疫情来袭，我们找不到安全的栖息活动空间，各类建筑都有可能成为疫情传播的场所。我们的人居环境和建筑不能抵御病毒传播，不能为人类的健康和生命安全提供庇护。传统意义上的建筑安全可以抵御地震、洪水、台风和防火。现代智慧建筑的安全措施可以在门禁、防盗等方面发挥作用。但是对于空气传播、飞沫传播的病毒，建筑没有安全防护能力。现代建筑在最基本的安全层次上缺少了防疫安全，这充分暴露了我们人居环境的脆弱。

本书作者敏锐地捕捉到我国城市住区和住宅在防疫方面存在的问题：从居住区规划层面的问题到户内功能细节上的问题，从住宅区管理方面的问题到最新的智慧科技运用方面的问题等，并把这些问题整合在一起进行系统梳理。作者从控制病原、阻断传播渠道和保护易感人群的角度，提出了城市住区防疫的基本策略和技术措施。这些措施主要包括空间与服务、空气、水、光、环境卫生等方面。作者期望通过这些对策和措施的运用，提升住区的安全防护性能，避免住宅成为传染场所。并且进一步期望当城市中疫情爆发时，住区仍能成为我们生命安全的庇护所，保障我们健康有序的生活。从当前新冠病毒疫情的发展来看，采用本书提出的防疫的基本策略和技术措施，是否就能使住区成为生命安全的庇护所，这有待实践的检验和进一步的观察。但这些措施如果认真实行，应该能改善住区的卫生防疫情况。这无疑是我们住区和住宅建筑在防疫安全方面的一个进步。

本书的一个特点是从普通读者角度考虑，用问答的方式把卫生防疫的复杂技术问题进行通俗的解答，希望大家不仅能读懂，而且能够了解与自己日常生活最密切的建筑在卫生防疫方面存在的问题，以便通过有效改进与科学使用提升住宅建筑的防护性能。这样实施的结果将会使广大的居民参加到建筑卫生防疫中，也将使建筑卫生防疫安全有更好的群众性基础。

"新型冠状病毒肺炎"的肆虐，从反面教育了我们，使我们认识到人居环境防疫安全的重要，它应该提升到与建筑防火、建筑抗震同样重要的位置上。人居环境的防疫安全是一个复杂的系统工程，需要在城市、社区、住宅区、住宅各个层面，在规划、设计、施工、管理各个环节，形成配套的综合的防疫措施，才有可能形成有效的人居防疫环境。

这需要我们首先从观念上、从实践上对现有的人居环境状况进行总结反思。尽管我们现在已经有了许多较为先进的技术手段，但是对于建筑防疫、住区防疫、社区防疫、城市防疫来说，从规划、设计、建设的角度来看还没有成熟的理论和整套的技术。我国人居环境的防疫安全研究也处在起步阶段。

本书的作者是三位分别从事建筑研究、建筑设计和建筑产品研发的青年科技工作者，他们对建筑防疫问题的关注，他们对建筑防疫问题的学术敏感令人感动。希望有更多的建筑师，建筑科技工作者关心并投入到建筑的防疫安全的研究和实践中。

袁　镔

2020.9.3于清华蓝旗营

作为建设工作者,正逢和平建设之盛世、快速城市化的时代,幸运之至。二十余年房屋建造商品化开发的大潮解决了这个东方大国几亿进城人口的住房需求,也使我国人均住房面积迅速追赶发达国家的水平。然而遭遇2020年这次席卷全球的新冠疫情,在居家隔离之时,我亦不禁反思,我们快速扩张的依靠大容量交通的城市能否遏制病毒的传播?我们拥挤的高密度集合住宅能否给居民以庇护?

以习近平同志为核心的党中央在十九大报告提出"实施健康中国战略",营建健康的城市人居环境是我们建筑从业者的重要任务。而我们必须面对这样的现实:建筑依托于土地这一重要的生产资料,开发又借助于金融杠杆工具,资本必然追求高效的回报,房屋产品本身在这个开发链条中并不受到重视,因此过去建筑行业整体的创新研发投入不足,而又主要集中在基于钢筋混凝土的结构体系上提升设计和建造的效率,这也造成了我国虽幅员辽阔,有着丰富的传统建筑文化,但现代城市的风貌却较为趋同。另一方面,建筑消耗了大量资源,因此必须重视发展绿色建筑。节能标准也不断提升,但市场却总在博弈,更关注的是建筑的外观。正如本书中所介绍的,其内在品质提升不高,连最基本的卫生间漏水、厨房串烟等问题都没有很好地解决。

房屋的金融属性、配套社会服务属性,遮掩了房屋本身的居住属性。我们看到,在国家"房住不炒"的方向指引下,多部委配合的一系列精准调控政策正逐步地弱化金融属性,剥离社会服务属性,突出房屋的居住性能本身,行业今后的任务是进一步改善人们的居住条件,而改善不仅在于更大的居住面积,也不在于内外装修更豪华,而是在适当的空间里,能容纳居住者更多的功能需求变化,让房子有更优良的性能,以及更好的服务。

建筑在抗震和消防上有严格的规范,全行业在规范的指导下有很大的投入,但此次疫情让我们看到,全球都为传染病的快速传播付出了惨痛的生命和财富的代价,而建筑还没有一本防疫的规范。虽然2003年"SARS"引起了行业一些讨论和研究,我们在改造和建造应急医疗设施上做到了快速反应,但是对于住区的防疫没有进行专题系统研究，更没有形成标准。可以说，住宅和社区的防疫还是个新课题。就我所知，无论是国外的还是国内的有关健康建筑的标准，都还没有把防疫作为一项重要指标。本书的三位作者敏锐地关注于此，并努力地着手进行一些探索，无疑对行业是有益的。

在此阴影犹存挥之不去之际，不仅需要探讨住宅卫生环境如何避免滋生病原和造成疾病的传播，还要保障社区的供应和服务体系不被疫情击溃，而且要让居民不至于过度恐慌、保持心理健康和正常生活秩序。为此建筑师在规划和设计中有很多方面可以为社区长期的防疫做好准备，为整个社会抗击疫情尽一份绵薄之力。

病毒来自微观领域，有许多尚处于人类未知领域，因此对于社区规划设计的防疫必然是初步探索。很高兴地看到三位作者吸纳了微生物学、环境卫生学等相关知识，而且还关注到了物联网等最新科技在创建人居环境方面的价值，这些探索也将有益于建筑学科视野的拓展和行业融合发展。本书以简单的语言阐释了普通人在卫生防疫方面所需注意的点滴细节，希望也能够帮助到普通人的日常生活。

中国建设科技集团董事长

目　录
Contents

第 **4** 章

小区公共空间防疫

第 **5** 章

住宅户内防疫

第 6 章

智慧技术应用

第 1 章

住区建设的
"新冠疫情"之考

2020年，一场最早发现于中国武汉，席卷了全球的"新型冠状病毒肺炎"（COVID-19）疫情让人类停工停产停航，关在家里，闭门反思，我们的城市如此宏伟壮丽，但当病毒来袭，是坚不可摧，还是会停止运转，甚至变得一片荒芜？我们是否真的做好了准备？当疫情最终消散，我们将如何在哀悼中坚定前行，提升我们的城市住区环境，以不负逝者？在本书中，我们探讨城市住区目前所存在的防疫短板，以及如何弥补这些短板，从整体规划层面到户内功能的细节，以及最新的智慧科技，方方面面整合在一起进行系统地梳理，从而提升住区的卫生安全性能，避免成为传染源头，当城市中瘟疫暴发，住区仍能作为我们安心的庇护所，保障我们健康有序的生活。

本章我们将从近期住房建设行业对新冠疫情防控应对的讨论谈起，回顾人类历史上一些重大的瘟疫与城市文明的变迁关系，借用医学界、微生物学界的统计分析，指出人类的聚居将直面传染病高发的现实，结合目前城市住宅在防疫方面的短板和不足，展望未来健康住区的建设，对在应对防疫的规划设计策略和技术措施做总体阐释，同时也明确界定了本书所讨论的范畴。

1.1 新冠疫情促使住区建设反思

居住建筑及其所形成的聚落，作为人类最早出现的、最基本的建筑类型，可以说是人类最重要的建筑空间，解决居住问题也是解决一切建筑及城市问题的起点，重要性不言而喻。新中国成立以来，我国人民对居住建筑的需求经历了从低到高的过程，大致可概括为住得上、住得宽敞和住得健康三个阶段，关注范围也从住宅单元、住宅楼扩展到了居住社区、居住城区，乃至整个城市环境。关于健康住宅，从2001年推出《健康住宅建设技术要点》并陆续开展了一些健康住宅建设试点项目，到

2020年3月发布《健康社区评价标准》T/CECS650-2020，T/CSUS01-2020，已逐渐成体系，并正在展开全面推广。然而针对类似于不久前爆发的新型冠状病毒COVID-19（以下简称新冠病毒）导致的新型冠状病毒肺炎（以下简称新冠肺炎）疫情的城市健康住区的防疫策略及措施，虽然空调等专业配合疫情防控有一些专题讨论，但是尚缺乏全面系统性的研究。2020年初席卷全球的新冠病毒，影响极其深远，其所改变的不仅是全球政治经济格局，也是人类对于自身居住环境的哲学思考。正是这一大事件，推动我们探寻建筑学的一方边界——城市住区的防疫策略与措施，并期望有所拓展。

回顾已经发生和正在发生的有关

新冠疫情的一系列事件，可以清晰地看到，中国在采取一系列强有力的措施后，国内疫情在全球率先得到基本控制，继而步入全力外防输入和内控反弹的阶段。然而疫情在全球在持续蔓延，一些国家甚至一度达到失控状态。有科学研究表明，此次新冠病毒有可能与人类长期共存，目前无人知道它将在何时结束。世界卫生组织（WHO）首席科学家Soumya Swaminathan博士2020年5月13日甚至表示："我会说，可能还需要4~5年的时间，我们才有希望能够控制新冠疫情。"[1]

面对此突发的全球性疫情，一方面，世界各国的医疗体系和应急状态管理体系持续紧张地发挥作用，另一方面，我国各行各业也进行了积极评估、应对和反思。2020年2月3日，中国制冷学会基于2003年防治SARS疫情期间的宝贵经验，发布《春节上班后应对新冠肺炎疫情安全使用空调（供暖）的建议》[2]。此后，建筑学界、房地产业界展开了一系列线上研讨，以期在各个层面广泛深入地发现问题和寻求解决之道。3月20日，北京市委城市工作委员会全体会议提出，以疫情为鉴，努力补足城市规划建设和治理短板，健全完善城市防灾减灾体系，特别是公共卫生应急管理体系，编制防疫专项规划，会议对提升居住小区的健康安全标准，优化小区公共服务设施配置等提出了要求[3]。《建筑学报》2020年出版3+4月疫情特辑《为新型人类聚居而设计》，崔愷院士在其为特辑撰写的总论中反思道："想起来我们建筑界还有这么多关注思考不够用力，不够到位的人居环境问题，它不仅是建设领域自身发展不平衡的问题，也是从某种程度上说，在大灾大疫面前造成准备不足、疲于应对、代价巨大的原因之一，是我们应当承担的责任。十分希望在疫情退去之后，关于人居环境安全健康的讨论和研究能够形成一批成果，推广实施，为不可预知的下一次灾情做好准备。"[4]

2020年2月5日晚，由武汉会展中心、洪山体育馆、武汉客厅进行紧急改造的3家"方舱医院"，陆续开始接收新型冠状病毒感染的肺炎患者入住，标志着用于接收轻症患者的首批"方舱医院"正式启用[5]。3月10日下午，位于洪山体育馆的武昌方舱医院最后49名患者康复出院，至此，武汉所有14家方舱医院均已休舱。一个多月的时间里实际开放床位1.3万多张，累计收治患者1.2万余人，武汉每4名新冠肺炎患者中就曾有1人在方舱医院治疗。方舱医院实现了

---

[1] WHO's chief scientist offers bleak assessment of challenges ahead, https://www.ft.com/content/69c75de6-9c6b-4bca-b110-2a55296b0875

[2] 中国制冷学会，春节上班后应对新冠肺炎疫情安全使用空调（供暖）的建议，http://www.car.org.cn/index.php?s=/articles_1348.html，2020-02-03

[3] 新京报，以疫情为鉴 北京要求城市规划补短板，新京报网http://www.bjnews.com.cn/news，2020/03/21

[4] 崔愷，大瘟疫提醒我们要思考什么，建筑学报，2020年03+04期（总第618期）

[5] 人民日报，首批"方舱医院"正式启用，中国政府网，2020年02月06日 http://www.gov.cn/xinwen/2020-02-06/content_5475062.htm

零感染、零死亡、零回头，是名副其实的"生命之舱"。[1]在有大量轻症病人聚集的方舱医院中，实现了有效运转和工作人员零感染，建筑的改造和运营管理无疑也发挥了出色的作用，然而我们对比住宅的情况，在有多个不同房间可以用于隔离、人员间距更大的家庭中，交叉感染率却非常高，往往一人患病，全家感染，以及一栋楼中上下层之间的相互传染也有相当多的案例，这是为什么？

下面是一则来自武汉的报道。疫情暴发初期，因新增病例远远超过床位和医护资源的供给能力，大部分疑似、轻症、甚至部分已确诊患者都无法入院收治，只能以自行居家隔离的方式先行治疗。当时武汉协和医院、武汉同济医院等已经陆续对外发布过居家隔离指南，武汉市也已通过各类平台，在最广范围内科普权威隔离指导。然而普通市民隔离的非专业性，让家庭式集中感染病例不断攀升。其中，一位75岁有心血管、胃溃疡等多种基础疾病的父亲被确诊，独自在家中一个卧室里隔离，每日由女儿做好饭放在门口，家人与他接触时也都有戴口罩，可因为共用卫生间，推测因此造成了71岁母亲的交叉感染，女儿也不知道自己是否已经成为一个潜在的"移动传染源"。另一个家庭中，因母亲出现不适，而医院没

有床位，三个儿子轮流背她去医院排队打针，最后母亲在家呼吸困难而死，三个儿子在照料母亲的时候因防护不周全部被感染，并再传染给其中一位的妻子，出现一家五口相继染病的悲剧。"当前很多医院的就诊量都在1000人以上，病人大都是家庭式、群聚式出现，同一栋楼等类型的患者占比达到90%以上。"一名医疗机构人士认为，如果隔离措施不专业，一个人至少传染2~3人，如果不做好切断在城内人（居家隔离）的传染源工作，武汉市感染人数还会大幅攀升。[2]事后来看，上面的两个案例虽然难以准确还原传染途径，但是如果这些家庭有足够的卫生常识，且能恰当地利用住区的条件，切实施行有针对性的防护措施，应当能有很大的机会做到减少感染，有机会缩小感染范围。

医学界对包括新冠病毒在内的新发传染病的认识是最敏锐、最迅速的，也必然是一个逐步加深的过程，迄今仍有人类知识所不能及之处，我们在文献查证的过程中对同一问题会发现不同答案或见解，就是由于这个原因。建筑学界对新冠疫情的认识和反应相对滞后一些，基本始于公共管理系统提出普通居民需要隔离预防等措施的时刻，并且类似于医学界，也会是一个不断探索、不断纠错，逐步推进认识的过程。以下即

---

❶ 新华社，武汉所有方舱医院均已休舱，新华网，2020-03-11 http://www.xinhuanet.com/health/2020-03/11/c_1125694936.htm

❷ 陈红霞，姚煜岚，一家五口相继染病！家庭式感染爆发背后，居家隔离有多"危险"？，21世纪经济报道，2020-02-03 https://m.21jingji.com/article/20200203/herald/fefa8f2ee8e8724feae94dca6bb1f8aa.html

是我们对于城市健康住区的防疫策略及措施的阶段性思考。❶

1.2 瘟疫与人类城市文明

导致新冠肺炎的是一种病毒，而病毒存在于地球的历史要远早于人类：病毒和细菌等微生物已在地球上生存了35亿年之久，而人类出现的时间距今不超过300万年，从认知革命算起，智人的历史也不过区区7万年❷。从这个角度来说，病毒和细菌才是地球的主人。病毒种类众多，数量惊人，为地球之最。大部分病毒对人类无害甚至有益，但是也有很多对人类威胁极大的病毒。从这个意义上来说，人类文明史乃至城市史是诞生于病毒和病菌环境中的，而且病原微生物还以令人惊异的方式干预了人类文明的进程，一定还将持续以超乎想象的方式影响当代文明。一个显著的事实是：随着人类定居生活方式的发展，尤其是城市文明的出现，流行病也就出现了，并且随着人类交往强度的增加而远播四方。"中国最早发生有毁灭性的传染病，如鼠疫、天花、真性霍乱等，都是外来的。"❸伴随整个人类文明的病原微生物所带来的流行病，终于在以城市文明为特征的全球化的今天，达到登峰造极的程度，人类注定要与之持续共生。❹

图1 1831年借助航船而肆虐欧洲大陆的霍乱

---

❶ 有关健康住区、健康建筑的防疫策略及措施内容十分广泛，为避免求大求全面论述难以深入，我们主要聚焦于城市健康住区

❷ ［以色列］尤瓦尔·赫拉利. 人类简史：从动物到上帝 Sapiens: A Brief History of Humankind. 林俊宏 译. 北京：中信出版社，2017

❸ 范行准. 中国预防医学思想史. 北京：人民卫生出版社，1953

❹ ［美］内森·沃尔夫（Nathan Wolfe）. 病毒来袭：如何应对下一场流行病的暴发（The Viral Storm: the Dawn of a New Pandemic Age）. 沈捷 译. 杭州：浙江人民出版社，2014

人类的历史、城市的文明史一直伴随着流行病的阴霾，流行病甚至影响了人类的历史走向和城市命运。公元前430年—前429年，雅典与斯巴达争霸，胜负难分之际，雅典城内一场鼠疫使雅典失去了接近四分之一的士兵，雅典开局不利，终于在近30年的战争后投降，而希腊城邦的经典黄金时代也就结束了。1520年，600名西班牙人因为把天花病毒带进了特诺施铁特兰，使这个湖中之城被感染，省却许多武力即征服了拥有数百万人口的阿兹特克，而特诺施铁特兰也变成了墨西哥城，往日的大湖现今也不复存在。中国在几次朝代更迭的战争中，流行病也起到了重要作用。例如，13世纪以来，中国鼠疫频发，明朝崇祯年间尤其严重，加上小冰期气候带来的干旱减产，以至于人口大量死亡和流离失所，于是在李自成、张献忠等农民军和满洲军队的接连打击下，明朝覆灭，而北京城几经更替，换来满人的统治。❶

欧洲14世纪中叶著名的黑死病，至今人们都无法确切知道那具体是什么传染病，一般认为是腺鼠疫。黑死病造成欧洲人口锐减，据不准确的历史资料记载，受传染地区有超过四分之一到一半的人口死亡，人口的减少一直持续到15世纪。这期间农奴制逐步瓦解，大量农民涌入城市，使城市经济得到发展。拉丁语教育式微，意大利语、英语、德语、西班牙语、法语等民族语言的重要性上升，卜伽丘用方言写作的以黑死病

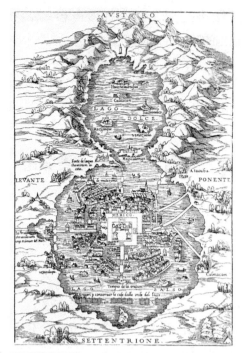

图2 上：阿兹特克首都特诺施铁特兰铜版画

下：按西班牙人的规划发展的墨西哥

为背景的《十日谈》，被视为文艺复兴的先声，而佛罗伦萨也成为文艺复兴的重

---

footnote
❶ 曹树基，李玉尚. 鼠疫：战争与和平——中国的环境与社会变迁（1230-1960年）. 济南：山东画报出版社，2006

镇。欧洲正是在那一特殊时期开始向早期的现代社会过渡，这表现了传染病对人类历史影响的两面性[1]。

1665年初，伦敦遭遇继14世纪黑死病之后最严重的一场瘟疫——鼠疫，最终超过8万人死亡，大约相当于当时伦敦人口的五分之一，居民普遍存在恐慌情绪，穷人境况尤为凄惨。瘟疫导致了大逃亡，率先出逃的是英王查理二世，他携朝廷搬迁到了牛津。紧随其后的是教士、律师以及学者，其中包括艾萨克·牛顿，他在此期间完成了其改变人类文明史的巨著《自然哲学的数学原理》。由于逃难的人们可能携带可怕的瘟疫，周边城镇极度惊恐，纷纷采取关闭河道、封锁城门、把守交通要道等措施，甚至投掷石块将难民拒之门外。伦敦附近城镇艾亚姆的居民采取了非常前卫的封城措施，断绝和外界的一切往来，成功地把瘟疫阻挡在伦敦以南，不过该镇也为此付出约四分之三居民死亡的惨重代价。

疫情之初，伦敦市长劳伦斯爵士就依据1603年《关于被瘟疫感染人群的管理法案》及时制定了详细的防疫措施：首先就是组建职责明确的相关领导机构，从而迅速建立起郡和教区两级防疫机构，形成较为严密的疫情监控处置体系。具体行政措施包括：由专人负责登记的疾病通报制度，病人居家隔离，医护人员上门服务，焚烧被感染者衣物，保持室内外通风，标记感染者房屋，招募志愿者掩埋遗体，禁止举行公共葬礼，禁止大规模群众集会等。在环境卫生方面，则要求及时清理垃圾保持街道干净，路面喷洒香水等。在饮食卫生方面，规定禁止食用鱼肉及发霉变质的食品，对酒馆严加管制。市政府以枢密院名义发布抗瘟的第一道命令是：瘟疫死者家属必须在房间内自行隔离40天！这引发了强烈反弹，有限的警力完全无法维持秩序，死者家属冲破守卫，涌上街头混入人群之中，这使疫情大面积扩散。枢密院不得不采取更严厉的"按区隔离"措施，严禁所有居民外出自由活动，只能由医生、药剂师和神职人员组成的"鼠疫医师"上门诊治。由于医疗资源严重不足，政府号召伦敦普通民众发扬互助精神开展自救，自发清洁居住区环境卫生及维护社会秩序，这使疫情有所控制。和历史上曾经发生过的无数类似事件一样，由于时代局限，主管官员普遍缺乏防疫专业知识，出现了不仅耽误疫情防控，也造成不必要生命财产损失的不足之处。由于起初不清楚瘟疫源头，当局下令扑杀所有猫狗，这后来被证实徒劳无功，真正的祸首鼠类反而因为天敌消亡而更加猖獗。当约克大主教决定举办望弥撒为伦敦祈福时，市政当局明知不妥，却并未加以阻止，结果当然助长了疫情。尽管计划有组织地处理遗体以防疫情扩散，但限于人力，仍有不少尸体被弃置路边污染环境。还有，出于"消除瘴气"的良好愿望，当局要求夜以继日在城区内燃烧大火，并

---

❶［美］约瑟夫·P·伯恩. 黑死病（The Black Death）. 王晨 译. 上海：上海社会科学院出版社，2013

图3　1665年伦敦企图通过焚烧的办法来去除瘟疫

图4　1666年9月遮天蔽日的伦敦大火

在街头焚烧辣椒、啤酒花和乳香等具有强烈气味的物质，甚至敦促市民吸食烟草吞云吐雾，希望以此抵御病菌的传播，这却成为伦敦大火的不祥预兆。尽管如此，当局多管齐下的措施还是取得了可观的成效，政府与民众的合力使得疫情逐渐好转。

这场鼠疫一直持续到第二年，瘟疫尚未平息又遭遇大火，使伦敦雪上加霜。1666年9月2日夜，泰晤士河伦敦塔西、伦敦桥北的一条狭窄拥挤的后巷——布丁巷的一家烘焙店起火。火势借着破旧连片的木结构老屋和防治瘟疫遗留的可燃物，暗夜中乘风向西猛烈燃烧，让伦敦城经历了火狱般的五天。13200栋房屋、87间教堂、几乎所有经贸场所和政府主要建筑都付之一炬，连伦敦桥上的房屋也被焚毁，建筑物损失约1/6。大火中具体有多少人死亡已不得而知，数十万居民无家可归，绝望到

离开伦敦。不过伦敦大火彻底结束了自1665年初以来的鼠疫问题。❶

大火使城区的大部分和西部城郊的一半都被破坏了。克里斯托弗·雷恩（Christopher Wren）和罗伯特·胡克（Robert Hooke）等当时英国王家学会最著名的科学家和建筑家们，迅速呈交了一系列设计方案给国王。雷恩的方案是巴洛克式的，带有宽阔整齐的街道，轴线对称布局，纪念碑式的尽端，水岸开放性码头，希望说服国王采纳他的重建方案。但是当时的君主政体缺乏足够的权威和经费来实施此类计划，雷恩便转向重新设计和建造圣保罗大教堂和许多教区教堂。他的规划方案虽然未能实现，但是对后世产生了一系列的影响，主要包括：18世纪伦敦的街道改进、19世纪公共健康改革、维多利亚晚期市政自治的倾向以及20世纪城市规划论战❷。1667-1672年间胡克测量、界定、认证了街道的拓宽，和约3000个私有住房的地基。私人土地被征收用于拓宽街道，兴建新市场、舰队河码头，泰晤士北岸码头，市政府按征收地段和面积支付给土地使用者补偿金。最终主要街道变得整洁宽敞，建筑平面和高度得到限制，具有更好的防火和防疫性能，这些变化取代了曾经曲折的小路和拥挤的房屋，有利于控制传染病和火灾。❸

这次鼠疫和火灾使英国政府逐步认识到制定公共卫生法规，健全并完善社会卫生防疫体系，从而推进公共卫生科学化和现代化的重要性。此外，政府也注意到民众的配合与支持是各项政策成败的关键。当时散居伦敦旧城的乞丐和流浪汉，因未能得到有效救助，他们中的一部分人因绝望而选择强行出逃等方式逃避隔离或恶意报复社会，造成极大危害，所以只有不抛弃这些弱势群体才是解决之道。作为社保制度正式建立的标志，英国早在1601年便通过了《济贫法》，将每户必须缴纳的"普通税"作为济贫基金，以救济乞丐和流民，大瘟疫再次促使英国政府进一步加强了在社保方面的立法和制度建设。这一时期英国发生深刻变革，向近现代制度发展。大瘟疫成为创建英国近代公共卫生制度真正的幕后推手，在危及英国国家生存的同时也"建构了一个现代社会"。瘟疫期间出现的有组织的隔离制度、疫情上报制度、环境卫生整治制度以及适时的医疗救助制度等在内的一整套社会实践及共识，使伦敦经验成为此后西欧乃至世界各国公共卫生防疫体制的模板与典

---

❶ Richard Cavendish, The Great Fire of London, History Today, 2016。JACOB F. FIELD, Charitable giving and its distribution to Londoners after the Great Fire, 1666–1676, Urban History, Volume 38, May 2011。薄扶林，伦敦：一场大火后的重建与崛起，学习博览，2011

❷ 其中包括1955-2000年伦敦主祷文广场（Paternoster Square）更新计划

❸ MATTHEW F. WALKER, THE LIMITS OF COLLABORATION: ROBERT HOOKE, CHRISTOPHER WREN AND THE DESIGNING OF THE MONUMENT TO THE GREAT FIRE OF LONDON, Notes and Records of the Royal Society of London, 16 February 2011/Michael Hebbert, The long after-life of Christopher Wren's short-lived London plan of 1666, Planning Perspectives, Dec 2018/M. A. R. Cooper, Robert Hooke's Work as Surveyor for the City of London in the Aftermath of the Great Fire. Part One: Robert Hooke's First Surveys for the City of London, Part two: certification of areas of ground taken away for streets and other new works, Part Three: Settlement of Disputes and Complaints Arising from Rebuilding, NOTES AND RECORDS: THE ROUAL SOCIETY JOURNAL OF THE HISTORY OF SCIENCE, 1997-07-01, 1998-01-22, 1998-07-01/［意大利］L. 贝纳沃罗 著. 世界城市史. 薛钟灵、余靖芝、葛明义 等 译. 北京：科学出版社，2000年3月

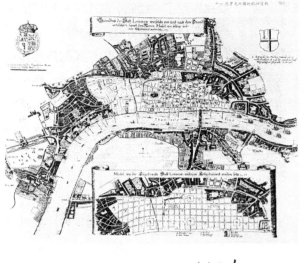

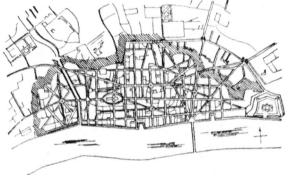

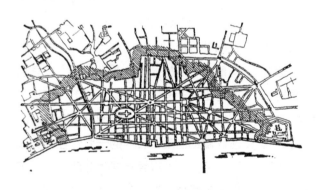

图5　上：伦敦大火中被破坏的部分和罗伯特·胡克的重建规划。从图中可看出，大火时的伦敦街道窄小且曲折蜿蜒，既不利于防疫，也不利于防火。弹性定律的发现者，有"伦敦的莱奥纳多（达芬奇）"之称的胡克提出的重建规划，则有意识地拓宽了街道，并设计了尺度较大且相当整齐的方格路网，在防疫和防火性能上做出了明显优化。

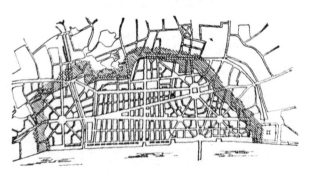

下：伊夫林（Evelyn）和雷恩的重建规划 这三个不同版本的规划，共同特点是在相对规则的接近矩形的路网中融入了放射性路网和广场结构，其中多有笔直的林荫道和宽阔的广场，以期在扩宽街区和路网的基础上，赋予伦敦更恢弘的城市空间，这一点在雷恩的规划（最下图）中表现得最为淋漓尽致，而伊夫林的规划中尚保留有历史街区的痕迹。单独从防疫和防火的角度来看，要求各街区之间有更好的隔离和通风，则防疫和防火性能从上到下依次增强，以雷恩的方案为最优。

范，伦敦文明大放异彩。❶

维多利亚时代蓬勃发展为现代都市的伦敦，在1854年又获得了一个对于城市而言的重要进展。那年夏天由于邻里有人开始死于霍乱，伦敦医生约翰·斯诺（John Snow）冒着生命危险追踪一系列致命的但却是相对局部性爆发的病例，并绘制到地图中，最终发现疾病源头是在Soho区宽街（Broad Street）的公共泵井中被污染的水。原来霍乱并非来自空气！在那个周长10英里的交通和商业枢纽地区，挤满了来自世界各地的超过200万人，基础设施虽然不断更新但总是不敷使用。斯诺医生的具有里程碑意义的发现不仅解决了当时紧迫的医疗谜题，驳斥了当时盛行的将疾病归因于"不良空气"的理论，还激发了流行病学领域和公共卫生专业的创建，指示了城市设计和基础设施对疾病的传播和预防有重要影响，意义重大。可以说，斯诺地图标识了现代科学、土木工程和公共健康的某些起点。❷

斯诺的发现很快影响了世界其他城市的建筑和工程。1860年代因霍乱和疟疾爆发，纽约成立了美国第一个市政卫生机构——"大都会卫生局"，致力于对高密度人群的控制疏导，努力争取更好的卫生条件，推动基础设施方面的投资，并为规划和建筑设计制定规范。这些规范至今仍影响着我们的城市系统和服务设施。

在抗疫方面，中国东北三省哈尔滨市❸等在伍连德博士❹领导下也做出过杰出贡献。1910—1911年的东北大鼠疫起因于旱獭皮价猛涨，中俄商人及清政府部分官员私自招募华工滥捕滥杀旱獭，华工在俄罗斯远东疫源地染病，竟被俄国人驱逐回国，导致1910年10月25日满洲里首现肺鼠疫型瘟疫。随后又由于近代铁路网的作用，11月8日传至哈尔滨市，随后逐渐蔓延至东北全境，给中国北方地区造成巨大灾难，直至1911年4月18日才被平息。东北鼠疫不仅造成数万人死亡，还直接导致市井萧条，使清王朝脆弱的经济雪上加霜。鼠疫之前哈尔滨全市人口约7万人，疫期4个月共5693人死亡。在初期的防疫不力之后，清廷和地方官吏认识到了"防则生不防则死"，开始采取下列各种措施进行防治。

（1）组建从中央到地方的各级防疫组织。当时日、俄势力觊觎东北，称中国无人可领导防疫，若局势恶化恐两国借保护侨民名义派兵入境，使主权受损。清廷外务部遂委派伍连德任哈尔滨总医官，统辖中外各国医生，全权处理医务。此前伍连德已通过在傅家甸的第一例尸检，认为流行是肺鼠疫，主要通过人与人之间传染，与一般的通过鼠蚤

---

❶ 杨靖，伦敦大瘟疫与公共卫生制度的创建，中国科学报，2020年3月26日

❷ Steven Johnson，The Ghost Map—the Story of London's Most Terrifying Epidemic and How It Changed Science，Cities，and the Modern World，Riverhead Hardcover，2006-10-19

❸ 时属吉林省

❹ 伍连德（1879—1960），出生于马来亚槟榔屿（今马来西亚的一个州），医学微生物学家和我国医学微生物学奠基人。1896年入剑桥大学意曼纽（Emmanual）学院，1901年获医学士学位，1903年以有关破伤风菌的研究论文获剑桥大学医学博士学位。1907年应中国政府聘请，出任中国天津帝国陆军军医学堂副监督。焦润明，1910—1911年的东北大鼠疫及朝野应对措施，近代史研究，2006（03）

传染的淋巴腺鼠疫情况不同，并据此提出9条建议，其中特别强调对病人的隔离和对火车交通的管制。伍的防疫方针被全面接受，整个战役实际是在他的指导下展开的。北京于1911年1月成立京师防疫局，开展实质性的防疫工作。东北三省各地的防疫工作起步更早，且更体系化。其中吉林省设立的防疫机关主要有：①吉林省防疫总局；②长春防疫局；③哈尔滨防疫局——哈尔滨官员在1910年11月8日鼠疫甫现就非常重视，11月15日便由滨江厅邀请各界代表20余人组成防疫会，公议速设养病院与检疫所，并订立章程办法，将所设的防疫会改为防疫局。哈尔滨1911年成立的东北防疫处，是我国第一个自主的防疫机构，为东三省建立防疫机构起到了示范作用。我国很早就有防疫历史记载，但组织机构设到县、厅一级，则始于清末民初。

（2）颁布各种防疫法规。清陆军部制定了《陆军部暂行防疫简明要则十条》，防疫总局译印《东西各种防疫成法》，天津卫生局拟定《查验火车章程十五条》，奉天省将陆军部十条下发，并附《奉天防疫事务处订定临时防疫规则》和《百斯笃（鼠疫）预防及消毒法》两个重要法规。吉林省公布的防疫强制性规则明确规定：检疫人员可随时入室检验；染疫者或疑似者须入院受

诊；病人一经确诊须留院医治，不得与院外人员交通，病人家属及近邻须隔离7日；凡疫病流行地来人须隔离7日；凡染疫地输入的货物须由检验人员消毒后方可放行；染疫者及同居之人的衣物器件等须焚烧，所居房屋须消毒；凡家有死者须向防疫局报告，且死者无论死因均须检验发照后殡葬；所有进省路口均派巡警把守，遇有行人须送入就近检疫所观察5日；所有客栈须每日填报旅客姓名、来处、病否；戏园停演等；另外还告诫民众尽量不要集会。这些已经和2020年对新冠疫情的防疫规则很接近了。

（3）采取具体的防疫措施。主要有：隔断交通，对病人及疑似病人实施隔离，焚化尸体，对疫区严格消毒，等等。经与日、俄交涉，日本控制的南满铁路于1911年1月停驶，俄国控制的东清铁路同月停售二三等车票，头等车采取检疫办法，基本阻断交通。移风易俗大力推进火葬，是当局的另一大防疫措施。作为重灾区，哈尔滨因疫死者众多不及掩埋，以伍连德为首的5名医生在致电东北当局征得宣统皇帝同意后，在农历正月初一，雇佣200余名工人，将尸体连棺木集中以煤油焚烧，从而使长达一里的尸堆得到处理。这一措施十分得力，其他各地纷纷效行。许多地方当局还采取了奖励捕鼠的措施[1]。东三

---

[1] 据当时的研究资料，此次鼠疫流行期间，老鼠及其他动物、牲畜等都没有成为病源物。传统医学理论普遍认为鼠疫由老鼠传播，所以在当时几乎所有防疫规章中，都有灭鼠一项。东三省在防疫过程中为达灭鼠目的，还制定了物质奖励政策，规定每捉一只"活鼠毙鼠"奖励"铜币七枚"。仅奉天城内即捕获老鼠25374只。但经过解剖所有在东三省范围内捕到的老鼠，没有发现一例带鼠疫菌的。日本医学家北里柴三博士称自己在奉天解剖老鼠3万只，无一例含有百斯笃（鼠疫）病菌，所以"由此可得今日三省所流行之百斯笃疫，非由鼠族传播之证据"。焦润明，1910—1911年的东北大鼠疫及朝野应对措施，近代史研究，2006（03）

省总督锡良还电饬沿铁路各州县，要求将每天鼠疫在各地的流行情况及时用电报进行汇报，且东北各地方纷纷成立了临时病院或隔离所，执行了严格的疫情报告制度和查验隔离制度。看不起伍连德的法国医生梅思耐之死还促使大家戴起了口罩，也成为抗疫的重要措施。

（4）加强与世界各国的防疫合作。清政府与日、俄建立防疫合作关系，聘请外国医生直接参与防疫工作，召开国际研究会议等，都是以往防疫工作所没有的。"万国鼠疫研究大会"由施绍基、伍连德主持，日、俄、英、德、法、美等12国参加，于1911年4月在沈阳召开，中国在抗疫中的部分认识和措施在大会中形成了基本共识。这是近代以来在中国本土举办的第一次真正意义上的世界学术大会。

尽管存在诸多问题，此次防疫工作从组织管理、措施实施等方面都取得了显著成效，在不到半年的时间里，就基本上控制住了这场鼠疫的扩散。清政府在此次抗疫过程中积累的宝贵经验，为后来中国其他地区的防疫提供了有益的借鉴。1912年伍连德又在哈尔滨建立起中国政府的第一个防疫事务部门——东三省防疫事务总管理处。1914年4月，伍连德在上海与颜福庆等7人联名发起成立中华医学会，并于翌年2月正式成立。通过伍连德领导的这一系列防疫卫生活动，实际上为中国近代医学卫生事业，奠定了一个全盘的结构基础。❶

现代城市文明在应对传染病方面已经有很大的进步，相比于中世纪及以前的城市污水横流，现代城市已经有了地下宏大的污水处理系统，有标准统一的自来水供应网络，有公共绿地控制性指标和救灾避难场地的规划，使城市的公共卫生安全水平有了很大的提升。然而在城市的中微观层面，社区和建筑单元的应对措施却相对缺失。住区及其建筑作为人类的庇护所，本应是疫情防控的重要防线。事实上，我国在此次新冠疫情防控方面，通过全社会的动员，群防群控，社区的网格化管理，对防止疫情扩散起到了重要作用。我们看到，社区管理工作在入口封闭管理，入户摸排、流动人员管理等都方面做出了重要贡献，然而住宅小区的建筑硬件设施却没有全面地发挥出应有的作用，反而如地漏反溢等一些缺陷被广泛关注为隐患。健康建筑一直没有受到市场的足够关

图6　伍连德博士

❶ 焦润明，1910—1911年的东北大鼠疫及朝野应对措施，近代史研究，2006（03）. 马伯英，中国近代医学卫生事业的先驱者伍连德，中国科技史料，1995（01）

注。在近几年，包括笔者所供职的少数市场主体单位才开始在建筑产品的健康性能方面发力。我们认为，防疫性能今后将成为健康建筑重要的考量因素，而健康建筑也会在建筑行业和市场中得到应有的、更大的重视。

1.3 传染病频发带来新挑战

近一百余年以来，传染病在全球相继出现，比较有名的有1910年哈尔滨鼠疫，1918年西班牙流感，1926年印度天花，1961年印度尼西亚霍乱，1997年香港禽流感，特别是我们记忆犹新的2003年SARS非典型肺炎，以及2009年H1N1禽流感，2012年MERS中东呼吸综合征，2014年埃博拉出血热，2018年巴西黄热病等，加上2020年新冠肺炎，人类受到流行病的侵袭越来越频繁，影响力也更大。

据联合国数据，20世纪全球流行病数量增长了80倍，并且具有高度不平衡的地理分布，死于这些疾病的人数在最不发达国家中比发展中国家要多三分之一，是最发达地区的160倍。不过随着全球交通的蓬勃发展，地理差异将越来越小。21世纪地球人口可能将几乎平等地暴露于流行病之中，将流行病纳入考虑范围将使我们的城市更健康和可持续。❶

伴随经济发展的人口快速增长，使全球城市快速扩张和城市群高度密集化，高效的现代化交通的迅猛发展，又使全球人口流动频繁。而且人类欲望仍在不断膨胀，继续打破着地球的生态平衡，使得大量物种消失，原生动植物栖息地范围持续缩小，气候发生显著变化。南极气温在上升，据物理学家组织网2020年2月14日报道："研究人员称，近日南极西摩岛上一个监测站记录下20.75℃的高温，这是南极地区有气象记录以来测得的最高气温，也是该地区气温首次突破20℃。"❷北极冰川在消融，笔者更曾在2015年8月随中国北极科学考察队在斯瓦尔巴群岛亲身观察到北极冰川边缘的崩解。对于世界第三极，2020年1月7日俄亥俄州立大学科学家发表在bioRxiv的论文指出，在青藏高原冰核样本中发现古老病毒存在的证据，其中28种是新病毒，全球变暖正在导致世界各地的冰川缩小，并可能释放出被冰封了数万乃至数十万年的微生物和病毒❸。所有这一切，都使人类面临新的流行病的侵扰，增加了流行病传播的速度和范围。人类将会无可选择地长久和流行病做斗争。

❶ 托马斯·费舍尔（Thomas Fisher）. 病毒城市——从中世纪瘟疫到H1N1的城市设计和公共健康. 袁哲洋 译. Places Journal, 2010年10月, https://www.sohu.com/a/392361995_167180
❷ 人民日报社人民数字网, 突破20℃! 南极洲气温再创新高, http://www.rmsznet.com/video/d167027.html
❸ 新京报,【#青藏高原冰川发现28种新病毒#, #全球变暖或将释放未知病毒#】, 新京报微博, https://weibo.com/1644114654/Iu9DMusEl?type=comment

此次新冠疫情波及范围广，超出了常规公共卫生事件的范畴，必将深刻地影响世界经济社会生活的方方面面。

2011—2018年间，世卫组织跟踪了172个国家的1483起流行病事件，如寨卡、鼠疫、黄热病、流感、严重急性呼吸道综合征（SARS）、中东呼吸系统综合征（MERS）、埃博拉等，警示了一个有可能快速传播的、影响范围大的疫情新时代的到来。这些疫情越来越频繁地出现，并且由于人类交通方式的高度发达，也越来越难以防控。在过去的50年里，全球新出现的流行病超过27种，其中人们熟悉的有：艾滋病、丙型病毒性肝炎、各型禽流感、寨卡病毒等。并且不少历史上发生过的流行病，在过去50年中也有重复发生，如人们所熟知的鼠疫、霍乱、伤寒、白喉、疟疾、急性无

力脊髓炎、登革热、黄热病、非洲人类锥虫病、结核病等。据估计，在2018年大流行病给某些国家，例如非洲的大部分国家，造成的经济损失最高可达其GDP的2%。❶

有观点认为，相关资料显示在全球范围内通过空气传播的流感病毒的变异和流行间隔期有明显缩短的趋势：从20世纪70年代前的10~40年，缩短到1980年代的5年左右，而进入1990年代以后，变异性流感病毒引发的感染事件则每两年发生一次。❷

2009年以来，根据《国际卫生条例（2005）》，WHO共宣布了六起"国际关注的突发公共卫生事件（PHEIC）"❸，皆为传染性疾病，波及范围广、对人类身体健康和经济发展构成了极大的威胁，包括：2009年H1N1猪流感疫情，2014

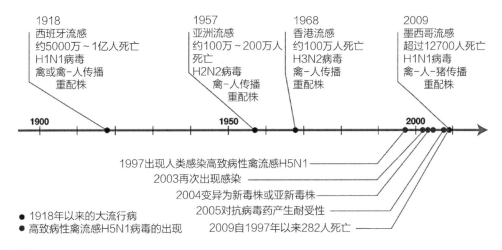

图7 1918年以来主要的流感大流行和高致病性禽流感H5N1病毒的爆发

❶ 全球防范工作监测委员会 Global Preparedness Monitoring Board，一个危机四伏的世界：全球突发卫生事件防范工作年度报告 A World At Risk：Annual report on global preparedness for health emergencies，2019年。https://apps.who.int/gpmb/annual_report.html

❷ 刘远立 北京协和医学院公共卫生学院院长，世界准备好下一次流行病应对了吗？成都商报电子版，2020年4月27 https://e.chengdu.cn/html/2020-04/27/content_674661.htm

❸ 国际关注的突发公共卫生事件（PHEIC）是指：通过疾病的国际传播构成对其他国家的公共卫生风险，以及可能需要采取协调一致的国际应对措施的不同寻常事件

年5月脊髓灰质炎（俗称小儿麻痹症）疫情，2014年8月西非埃博拉疫情，2016年塞卡病毒疫情，2019年7月刚果（金）埃博拉疫情，以及2020年1月30日晚宣布的新型冠状病毒疫情。[1]

另外，还有些不那么严重，但却更加频繁的流行性疾病，如流感等，对人类的健康影响也很大。根据相关研究，近10年美国流感患病率9%，患病就诊率46%，患病住院率1.6%，患病死亡率0.13%，死亡人数，平均每年超过37000人，也就是说每年因为流感造成的死亡人数超过美国总人口的万分之一。[2]

相比较而言，建筑界很早就重视消防问题，早已有系统的应对策略，详细的标准规范。而流行病对人类的袭击频次不低，且有越来越高的趋势，造成的

损失也相当大。以新冠肺炎为例，中国2020年一季度GDP初步核算为206504亿元，较2019年同期增长-6.8%[3]，而美国2020年第一季度 GDP按年率计算萎缩5%[4]。又以几乎每年都会有的流感为例，按中国疾控中心的发布，"每年流感季节性流行在全球可导致300万~500万重症病例，29万~65万呼吸道疾病相关死亡。"，而中国近几年"平均每年有 8.8万例流感相关呼吸系统疾病超额死亡，占呼吸系统疾病死亡的8.2%"[5]。每一次大流行病的爆发影响范围都更广，对人们的生命健康安全和经济发展威胁很大。在这之前，尽管有2003年SARS的教训，但建筑行业并没有真正重视在这方面的应对，我们此前的住宅建筑科技也并没有将防疫作为一个专题来研究。住宅的

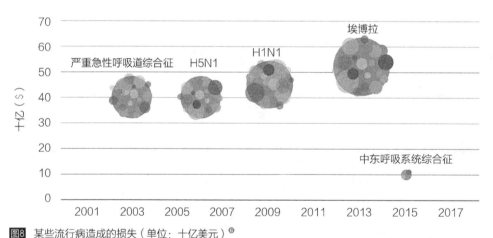

图8 某些流行病造成的损失（单位：十亿美元）[6]

[1] https://jingyan.baidu.com/showlist/detail/f25ef2540996c5482c1b829f
[2] 梁建章 黄文政，从美国流感数据看新冠肺炎疫情，财新网 20200129，https://opinion.caixin.com/2020-01-29/101509211.html
[3] 国家统计局，2020年一季度国内生产总值（GDP）初步核算结果，国家统计局网站，2020年04月18日，http://www.stats.gov.cn/statsinfo/auto2074/202004/t20200418_1739603.html
[4] 新华社，第一季度美国经济按年率计算萎缩5%，新华网，2020-06-25，http://www.xinhuanet.com/world/2020-06/25/c_1126161246.htm
[5] 中国疾病预防控制中心关于印发中国流感疫苗预防接种技术指南（2019-2020）的通知
[6] https://apps.who.int/gpmb/annual_report.html

建设长期将防疫置之度外。一个重要原因是建筑此前并没有足够的应对技术措施，主要就是关门闭户，隔离而已，随着现代建筑空调、给排水、电梯、幕墙和智能化等技术的发展，现在有了很多可供利用的技术手段，同时也带来更多有风险的环节。万事总有始，我们希望就城市住区防疫的策略与措施引起理性讨论，促进行业在健康建筑、绿色建筑、智慧住区建设方面标准的进一步完善，建设更多健康社区，升级健康住宅，让家成为每个人坚固的健康堡垒!

美国 2010-2011 流感季至 2018-2019 流感季的估计流感负担　　表 1

流感季	患病人数	就诊人数	住院人数	死亡人数
2010-2011	21,000,000	10,000,000	290,000	37,000
2011-2012	9,300,000	4,300,000	140,000	12,000
2012-2013	34,000,000	16,000,000	570,000	43,000
2013-2014	30,000,000	13,000,000	350,000	38,000
2014-2015	30,000,000	14,000,000	590,000	51,000
2015-2016	24,000,000	11,000,000	280,000	23,000
2016-2017	29,000,000	14,000,000	500,000	38,000
2017-2018	45,000,000	21,000,000	810,000	61,000
2018-2019	35,520,883	16,520,350	490,561	34,157
年平均	28,646,765	13,313,372	446,729	37,462

1.4 健康住区与防疫策略

近年来，随着我国综合国力的提升和老龄化的到来，健康社区、健康建筑的概念得到了社会和政府前所未有的重视，相应地建筑行业也积极研究和出台标准，可以期待，在未来3~5年内，将会出现一批经过评估授牌的健康建筑和健康社区。

2015年1月，国务院发布《国务院关于进一步加强新时期爱国卫生工作的意见 国发〔2014〕66号》，特别提到"科学预防控制病媒生物"以及"探索开展健康城市建设"[1]。2015年10月29日《中国共产党第十八届中央委员会第五次全体会议公报》提出"推进健康中

---

[1] 国务院，《国务院关于进一步加强新时期爱国卫生工作的意见 国发〔2014〕66号》，中国政府网，2015年01月13日 http://www.gov.cn/zhengce/content/2015-01/13/content_9388.htm

国建设。"[1]2016年10月，我国出台《健康中国2030规划纲要》，主要着眼于医疗保障体系，"把健康摆在优先发展的战略地位，立足国情，将促进健康的理念融入公共政策制定实施的全过程，加快形成有利于健康的生活方式、生态环境和经济社会发展模式，实现健康与经济社会良性协调发展。"其中与健康住区和健康建筑有较为密切关系的内容包括且不限于：属于全民健身公共设施的社区多功能运动场等场地设施建设；专业公共卫生机构、综合和专科医院、基层医疗卫生机构"三位一体"的防控机制；残疾人健康，老年医疗卫生服务体系建设，医疗卫生服务延伸至社区、家庭；城乡环境卫生综合整治，以环境治理为主的病媒生物综合预防控制，国家卫生城镇创建；健康融入城乡规划、建设、治理的全过程，健康城市、健康社区、健康村镇、健康单位、健康家庭等的建设；覆盖污染源监测、环境质量监测、人群暴露监测和健康效应监测的环境与健康综合监测网络及风险评估体系；统一的环境信息公开平台，全面的环境信息公开；提高突发事件应急能力[2]。2017年10月，习近平总书记在中国共产党第十九次全国代表大会上的报告《决胜全面建成小康社会 夺取新时代中国特色社会主义伟大胜利》中再次专门以一小节强调"实施健康中国战略"[3]。随后，2018年全国爱卫办委托中国健康教育中心、复旦大学、中国社会科学院研究制定了《全国健康城市评价指标体系（2018版）》，首次提出"健康社区覆盖率%"指标的概念。[4]2019年7月，国务院发布《国务院关于实施健康中国行动的意见》（国发〔2019〕13号），要求细化落实《健康中国2030规划纲要》，关口前移，坚持预防为主，把预防摆在更加突出的位置，积极有效应对当前突出健康问题，明确要推进健康城市、健康村镇建设。[5]

显然，健康建筑和健康社区必将会成为健康中国的重要努力方向，同时也是重要承载平台。

与上述政府层面的行动相呼应，建筑界也积极行动起来，开始制定相关标准。2016年，在实践基础上参考有关国内外标准，基于我国国情，集成当时健康建筑理论与技术，由中国建筑科学研究院等单位牵头制定了《健康建筑评价标准》T/ASC 02-2016，于2017年颁布实施，评价前提是满足具有基础健康属性的《绿色建筑评价标准》GB/T 50378-

❶ 新华社，授权发布：中国共产党第十八届中央委员会第五次全体会议公报，新华社北京10月29日电，http://www.xinhuanet.com/politics/2015-10/29/c_1116983078.htm
❷ 国务院，2016年第32号公告：中共中央 国务院印发《"健康中国2030"规划纲要》，中国政府网，2016-10-25 http://www.gov.cn/zhengce/2016-10/25/content_5124174.htm
❸ 新华社，习近平：决胜全面建成小康社会 夺取新时代中国特色社会主义伟大胜利——在中国共产党第十九次全国代表大会上的报告，新华网，2017-10-27
❹ 全国爱卫会，《全国爱卫会关于印发全国健康城市评价指标体系（2018版）的通知》，中国政府网，2018-04-08 http://www.nhc.gov.cn/jkj/s5899/201804/fd8c6a7ef3bd41aa9c24e978f5c12db4.shtml
❺ 国务院，国务院关于实施健康中国行动的意见 国发〔2019〕13号，中国政府网，2019年07月15日 http://www.gov.cn/zhengce/content/2019-07/15/content_5409492.htm

2014[1]，可以说健康建筑是在绿色建筑基础上对健康的深入定位和性能提升，是绿色建筑在健康方面的升级版，或者说绿色建筑是全优生，健康建筑是特长生。绿色建筑评价体系2014包含七类指标：节地与室外环境、节能与能源利用、节水与水资源利用、节材与材料资源利用、室内环境质量、施工管理及运行管理；《绿色建筑评价标准》GB/T 50378-2019已将评价体系改为五类指标：安全耐久、健康舒适、生活便利、资源节约和环境宜居，新绿建标准已不再单纯聚焦绿色，是对健康中国战略的一种响应。健康建筑评价体系则包含六类指标：空气、水、舒适、健身、人文及服务。两个标准均分为一星、二星和三星三个评价等级。我国《绿色建筑评价标准》可与美国《WELL建筑标准》（IWBI. The WELL Building Standard v1 with May 2016 addenda）做一比较，后者是由WELL建筑研究所于2014年10月推出的一个基于人体系统性能的评价系统，从医学角度，对建筑设计、施工和运营过程中涉及的可能影响人类健康的建筑环境特征进行测量、认证和监测，同样分为三个评价等级：银级、金级和铂金级。WELL标准最显著的特点是注重研究建成环境对人体系统的影响，每项指标条文都对应相关受影响的人体系统，以便使用者把评价条文与人体健康更直观地加以联系，有一定借鉴价值，但并不十分适合

我国国情。与之相比，我国《健康建筑评价标准》具有明显的国情适应性特点，便于国内实际操作。两者在评价对象、评分设置以及具体的评价指标类别上都有显著差异，详见下表。[2]

2020年3月，由中国建筑科学研究院有限公司、中国城市科学研究会等单位联合编制《健康社区评价标准》T CECS 650-2020 & T CSUS 01-2020，经中国城市科学研究会和中国工程建设标准化协会组织审查，并批准发布，自2020年9月1日起施行。健康社区被定义为在满足建筑功能的基础上，为居民提供更加健康的环境、设施和服务，促进公众身心健康、实现健康性能提升的社区。健康社区分别为铜级、银级、金级、铂金级、钻石级，评价指标体系由空气、水、舒适、健身、人文、服务、创新7类指标组成。这体现了我国健康建筑概念正积极地从单体范畴向社区范畴迈进。未来不排除会出现经研究出台适用于建筑的疫病预防规范，使健康建筑的外延得到进一步扩展。

本书旨在讨论城市住区防疫的策略与措施，当然需要有绿色和健康的观念，以及绿色建筑、健康建筑乃至智慧社区的技术积累，但是显然所关注的内容和所要解决的问题有所不同。首先，无论住区里的建筑是否为绿色建筑或健康建筑，都是需要处理防疫问题的。其次，本书所言住区防疫所关注的主要是

---

[1] 住房和城乡建设部2019年3月13日批准《绿色建筑评价标准》GB/T 50378-2019为国家标准，自2019年8月1日起实施，原《绿色建筑评价标准》GB/T 50378-2014同时废止。

[2] 霍庆荣，赵敬源. 中国《健康建筑评价标准》的比较研究. 建筑节能. 2019（3）

中国健康建筑评价标准与美国 WELL 建筑标准条文比较　　　　　　　表 2

	中国健康建筑评价标准	美国 Well 建筑标准
评价对象	满足绿色建筑要求与全装修情况下的建筑单体、建筑群或建筑内区域	办公建筑中的新建建筑和既有建筑、室内装修、核心与外壳开发（二次装修）；试用版标准中的多户住宅、教育、零售、饭店和商业厨房等建筑类型也列入评价对象
评分设置	各类指标均分为控制项与评分项；控制项必须达标，总得分是由各类指标的评分项总得分乘以相应的权重值累加，再加提高与创新的得分，达到50分、60分、80分时，对应的等级分别为一星级、二星级、三星级	指标分为先决条件项与优化功能项；先决条件项必须满足，每项指标条文不设置权重，最终的评价等级由满足优化功能项的条文数量确定，即根据优化功能项达标率：无要求（对办公建筑无要求，试用版标准为20%）、40%、80%时分为银级、金级、铂金级三个级别
指标类别	空气：污染源、浓度限制、净化监控 水：水质、系统、监测 舒适：声、光、热湿、人体工程 健身：室外、室内、器材 人文：交流、心理、适老 服务：物业、公示、活动、宣传	空气：优化室内空气质量、去除空气中污染物、预防和净化（先决条件12项，优化项17项） 水：优化水质、过滤和去除污染物、促进可及性（先决条件5项，优化项3项） 舒适：室内家具的人体贴合性、热环境与声环境控制、舒适度评价（先决条件5项，优化项7项） 光线：减少对身体昼夜节律的破坏、光输出和照明控制、舒缓情绪（先决条件4项，优化项7项） 健身：设置健身环境、鼓励体育活动、推进健身方案（先决条件2项，优化项6项） 精神：促进生活愉悦感、增强情绪健康、设计元素提升精神享受（先决条件5项，优化项14项） 营养：鼓励健康饮食习惯、提供健康食物选择、提高营养知识（先决条件8项，优化项7项）

城市的高密度聚居所带来的疫病流行的防治，尤其是在类似北京、上海这样的人口高度密集的超大型城市里的高密度住区所面临的各类防疫问题。

本书所言防疫的对象，主要针对传染病，系由病毒、细菌等病原体引起的，通过各种传播方式造成人际传播，具有较强传染性的多种疾病。本书并不宽泛地讨论流行病的概念，比如备受诟病的建筑装修带来的辐射、甲醛、TVOC污染等，这些污染引发的病例也不少，是社会关注的热点，也可以说其对人体免疫力的破坏，增加了罹患传染病的风险，但我们认为这与本书所讨论的防疫内容并不直接相关，故略去不谈。

本书具体讨论与防疫有关的居住社区规划、设计策略以及应用于住宅小区的技术，在应对传染病的流行方面的要点和具体措施，涉及控制传染源，阻断传播途径，防止病原体扩散，保护易感人群，以及满足隔离防护期间的居住者身心健康的需求等方面。本书还涉及如何应对传染病引起的次生灾害，包括确保生活基本物质的供应，对处于隔离状态中的老弱群体的关照，慢性病医治延误，以及对疫情爆发期人们长期居家隔离生活对住区环境的要求等。

这次新冠疫情再次暴露出我国目前存在的住区防疫方面的一些短板：例如社区缺乏基本生活配套，疫情期供应短缺造成恐慌抢购，高密度的居住区天然存在因人群密切接触，以及受污染的空气在不同楼栋之间流通等不利情况，从而增加造成大面积传染的风险。一般来说居住区公共空间的设计都会强调促进居民的户外活动、锻炼和相互交往，但是这与疫期减少交叉感染的几率是有矛盾的，目前尚缺乏清晰的平疫转换的预案性质的制度安排，使得既能强化卫生隔离，又能强化物资供应和管理服务。混乱的垃圾堆放、垃圾流线与行人动线的交叉对人健康不利。快递作为近年来快速发展的新生事物，递送流线深达户门，而疫期又集中挡在小区门外，由住户自取造成人员密集，皆存在隐患，尚有待完善。尾气浓度高而通风不畅的地下车库，往往阴暗潮湿，还有密闭的楼电梯间等，都是病原体传播的理想场所。二次供水系统存在水质保障问题和污染风险。污水系统有气溶胶粪口传播风险，因缺乏有效在线监测而疏于卫生管理和消毒，也存在健康隐患。高密度住宅区局促的户型通风时可能导致窜风污染。户内动线设计缺乏防疫考虑。住宅某些空调系统因设计或使用不周而可能存在各种不同的传染风险。尤其目前普遍存在住宅厨卫烟气倒灌或地漏反溢所带来的病毒传播风险。还有当今社会仍普遍缺乏对于健康光环境的认知和关注。并且，对于防范传染病，不能仍然停留在过去关门闭户的完全被动状态，而应引入当代智能技术等主动手段，以收获更好的防疫效果。此外，我们还需高度关注因长期隔离而导致的次生灾害、心理健康问题等。

我们知道，构成传染病有三个要素——传染源、传播途径、易感人群，防疫策略和技术应当针对这三者，着眼于控制、消灭传染源，阻断传播途径，保护易感人群。相应地，在这三个环节，我们采取被动式策略和主动式技术，以有效地防范疫情。本书中针对防疫的所谓被动式策略，系指通过规划和建筑设计的巧妙合理安排等，不需要多耗费额外的资源、能源和管理，就可以赋予居住场所相对固定的，适合于居住者的日常使用便利、有益于日常健康和防范重大传染病的属性，具有只需很小的能耗，不需要使用者的特别调节和看护，即能相对固定地长期、稳定发挥作用的优点。例如：合理的居住区和小区规划布局，能使居民自然得到充足的日照，拥有良好的园林景观和户外卫生条件；干净卫生的环境能避免滋生病菌；良好的户型设计，能使住户自然得到良好的采光和自然通风，以及居家活动相互干扰最小化；建筑中良好的上下水管道系统和抽油烟管道系统，能免除地漏反溢和油烟倒灌的弊病等，都具有被动式策略的特征，都能在疫期针对传染病的三个环节发挥有价值的防疫作用。而本书所提的所谓主动式技术，则系指在被动式设计的基础上，采用由电能或其他能源控制某种工具或系统来达到使用目的的措施总和，具有调节能力强、起效快的特点，但往往需要较多耗费额外的资源、能源和管理，或带来其他的代价。例如：在疫期通过管理，使快递员与小区临时隔离，通过身份认证控制进出住区的人员；通过无线网络实现不接触入户；对水系统进行监测和消毒；使用暖通空调系统营造冬暖夏凉的室内小环境，利用新风系统在不开窗的条件下达到理想的换气次数，并且采用过滤、消杀等手段去除通过空调管道传播的病原体；选择性地使用空调系统或排风机造成局部正负压；通过感应器和移动终端应用程序自动或手动控制室内采光、照明及背景音乐；利用传感—运算—指令—执行多种设备联动，形成多种系统集成，通过算法组合联动的复杂系统平台，建设智慧社区，实现智慧安防、智能环节卫生监控、智慧基础医疗和康养、智慧健身、智能住区设备维护等，皆为主动式措施。

从另一个角度分析，居住社区可以利用的预防优先的防疫手段又可分为物理化学手段（技术防疫）和行为管理手段（行为防疫）两方面，应综合运用。理化手段包括：运用日光或紫外线消杀抑制病原体，使用乙醇、次氯酸钠等化学清洁剂或消毒剂抑制消杀病原体，使用加热空气或水的方式消杀病原体等从源头控制传染病；利用流动新鲜空气稀释病原体降低传染概率；利用滤网和薄膜过滤技术滤除病原体，保持个体间安全空间距离（例如社交礼仪距离等）防飞沫、气溶胶等，利用物理屏蔽方式，如密封性良好或具有适当室内正负气压的房屋，以及口罩、防毒面具、防护服、手套、遥控设备等个人装备，阻断病原体传播途径，等等。而以上所有物理化学手段均有赖于行为防疫，依赖于每个居民的正确操作才能保证有效，因此对居民普及行动常识就十分重要；不仅如此，这次新冠疫情让我们看到，当短时间内一地大量病患密集出现时，其对医疗系统及住区的冲击是剧烈的，若无有效的信息沟通、服务疏导也会导致很多悲剧，因此，对社会而言，更为重要的是对行为的宏观统筹管理，使得每个个体不至于陷入混乱的困境。空间环境会限定管理措施，也会影响我们的行为模式，比如优化家庭入口玄关和卫生间的功能性设计，会促进有利于健康和防疫的行为习惯，较大起居空间的灵活分隔能引导长期居家隔离的生活方式等，这些都是我们需要考虑的。

防疫的被动式策略和主动式策略，或者技术防疫和行为防疫可谓防疫之经纬线，共同织就恢恢防疫之网，方可收疏而不漏之效，使"家"真正成为我们的健康堡垒。这些正是本书所希望阐释的。

当然，本书所列策略和措施有的很重要，有的次之，这涉及效果与资源投入比例的判断问题，每个人的价值观有差异，得出的结论也就不尽相同。笔者结合多年在房地产建设、建筑设计和教学科研领域的经验，尽量理性、公正地予以阐述。

第**2**章

传染病相关知识

为先使读者对于城市住区防疫的对象有一个概要的了解，本章将对传染病的种类、导致传染病的病原微生物及其动物携带者，以及传染病的传播方式和灭杀抑制方式，作一概要的介绍。

2.1 传染病与病原体

高传播性的传染病是和平时期对公共安全最大的威胁，所以是城市住区防疫设计的主要针对对象。《中华人民共和国传染病防治法（2013修正）》规定的传染病按猛烈程度和危险性分类为甲、乙和丙三大类。甲类传染病为强制管理传染病，指：鼠疫、霍乱。乙类传染病为严格管理传染病，指：传染性非典型肺炎、艾滋病、病毒性肝炎、脊髓灰质炎、人感染高致病性禽流感、麻疹、流行性出血热、狂犬病、流行性乙型脑炎、登革热、炭疽、细菌性和阿米巴性痢疾、肺结核、伤寒和副伤寒、流行性脑脊髓膜炎、百日咳、白喉、新生儿破伤风、猩红热、布鲁氏菌病、淋病、梅毒、钩端螺旋体病、血吸虫病、疟疾。丙类传染病为监测管理传染病，指：流行性感冒、流行性腮腺炎、风疹、急性出血性结膜炎、麻风病、流行性和地方性斑疹伤寒、黑热病、包虫病、丝虫病，除霍乱、细菌性和阿米巴性痢疾、伤寒和副伤寒以外的感染性腹泻病。

对乙类传染病中传染性非典型肺炎、炭疽中的肺炭疽和人感染高致病性禽流感，采取甲类传染病的预防、控制措施。最近这次新冠肺炎即为乙类传染病按甲类传染病防治。

上述传染病，大部分是由不可见的病毒或致病细菌引起的，下面主要针对这类病原微生物进行介绍。另外，对于动物性传播媒介，例如蚊类、蜚蠊（蟑螂）、蝇类以及鼠类等常见的，且能形成较大危害的节肢动物和啮齿动物，也作一个简要介绍。这些病原微生物和携带者是本书防疫策略针对的主要对象。

2.1.1 病毒

经典意义的病毒（virus）可以定义为："由一个或数个RNA或DNA分子构成的感染性因子，通常（但并非必须）覆盖有由一种或数种蛋白质构成的外壳，有的外壳外还有更为复杂的膜结构；这些因子能将其核酸从一个宿主细胞传递给另一个宿主细胞；它们能利用宿主的酶系统进行细胞内的复制；有些病毒还能将其基因组整合入宿主细胞DNA，依靠这种机制，或导致持续性感染发生，或导致细胞转化，肿瘤形成。"[1]学术界甚至有观点认为病毒不是生命体，只是介于非生命体和生命体之间的有机物，自然界甚至存在既无DNA也无RNA，只有蛋白质的病毒，例如引起疯牛病的朊病毒[2]。大部分常见病毒都是稳定性高的双螺旋结构的DNA病毒，天花病毒等即属于此类。另一些则是单链结构的RNA病毒，变异迅速毒性强，最近这次新冠病毒即属此类，近些年出现的SARS病毒，MERS病毒，埃博拉病毒，甲型H1N1流感病毒，禽流感病毒，以及艾滋病病毒等也都是RNA病毒。对绝大多数病毒的感染我们并没有有效的治疗手段，但是一般都能通过自身免疫系统自愈，有时需要借助药物的辅助，并且人类掌握一些特定疫苗，能使人体免疫系统对特定病毒产生特定抗体从而免疫。

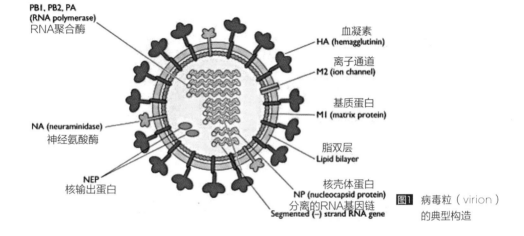

图1 病毒粒（virion）的典型构造

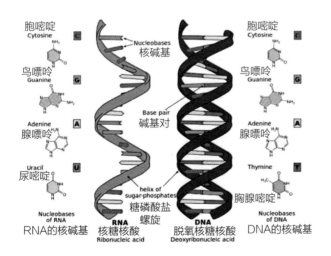

图2 病毒单链RNA和双螺旋DNA结构

---

❶ 沈萍，陈向东. 微生物学（第8版）. 北京：高等教育出版社，2016
❷ 属于一种亚病毒因子

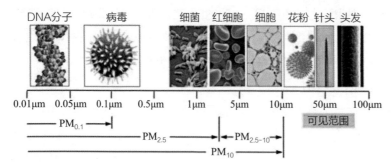

图3 病毒和细菌大小

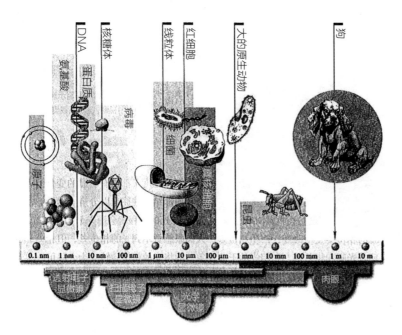

图4 病毒和细菌的尺度范围

自然界中大部分病毒大小约0.01~0.3μm，大部分细菌约0.3~10μm。本书所涉及的常见病毒和病菌尺寸：SARS病毒直径80~120nm，新冠病毒直径60~140nm，军团杆菌0.3~0.9μm×2~20μm或更长。

对于病毒的具体感性认识，可以直接从最近这次影响巨大的新冠肺炎疫情开始。新冠肺炎是由一种以前从未发现过的新型冠状病毒引起的。冠状病毒是目前已知RNA病毒中基因组最大的病毒，广泛存在于自然界中，仅感染脊椎动物，可引起呼吸道、消化道和神经系统疾病。含新冠病毒在内，目前发现的可感染人类的冠状病毒共计7种：HCoV-229E、HCoV-OC43、HCoV-NL63、HCoV-HKU1、SARS-CoV、MERS-CoV和Covid-19。其中前四类引起全球10%~30%的季节性上呼吸道感染，占据普通感冒病因的亚军地位，仅次于鼻病毒，主要通过人传人传播，潜伏期2~5天，人群普遍易感，每年冬、春为高发季。中东呼吸征（MERS）则是一种由MERS-CoV引起的病毒性呼吸道疾病，自2012年在沙特阿拉伯首次得到确认起，MERS在全球共波及中东、亚洲、欧洲等27个国家和地区，80%的病例来自沙特阿拉伯，病死率约35%，潜伏期最长为14天。单峰骆驼是MERS-CoV的主要宿主，是人类病例的主要传染源，人际传播能力有限。严重急性呼吸综合征由人感染SARS-CoV引起，在2002年至2003年7月全球流行，我国广东省首先出现感染病例，之后波及我国24个省、自治区、直辖市和全球其他28个国家和地区，病死率9.6%，但是迄今为止并未再次出现。SARS的潜伏期通常限于2周之内，一般约2~10天，接近新冠病毒。SARS病人为最主要的传染源，症状明显的病人传染性较强，潜伏期或治愈的病人不具备传染性。

新冠病毒Covid-19，属于β属的冠状病毒，有包膜，颗粒呈圆形或椭圆形，常为多形性。基因特征与SARS-CoV和MERS-CoV有明显区别，目前研究显示与蝙蝠SARS样冠状病毒（bat-SL-CoVZC45）同源性达85%以上。多数估计潜伏期通常为5天左右，大体范围在1~14天。传播方式：①患者咳嗽或呼气时产生的飞沫，其他人呼吸时吸入，或触摸到飞沫及其污染物后再触摸本人眼、鼻或口的黏膜组织，产生人际传播[1]；

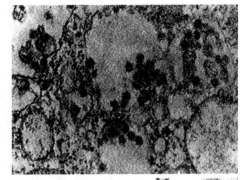
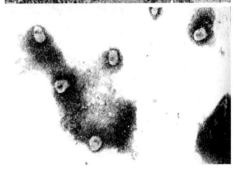

图5　SARS病毒的电镜照片
上：SARS患者血清样品在Vero细胞中增殖后电镜观察到的病毒颗粒

下：分离提纯的SARS病毒颗粒

②粪口传播，非主要传播途径，但不排除其可能性。最常见症状是发热、乏力和干咳，也可能会有疼痛、鼻塞、流涕、咽痛或腹泻等症状，这些症状往往轻微，且逐渐出现。有些感染者并无任何症状，也无不适感。大多数感染者（约80%）无需特别治疗即可康复，大约六分之一感染者病情严重。尚未查明其动物源。[2]

美国约翰·霍普金斯大学2020年6月28日发布数据显示，截至美国东部时间28日16时33分（北京时间29日4时33分），全球累计死亡病例超50万，升

---

[1] 还有观点认为能通过气溶胶传播，不过仍不确定
[2] 迄今为止，尚无证据表明狗、猫或任何其他宠物能够传播新冠病毒

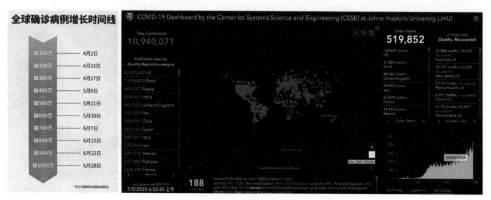

图6 左：2020年全球确诊新冠肺炎病例增长时间线

右：美国约翰·霍普金斯大学2020年7月3日发布全球新冠肺炎累计死亡和确诊病例

至500108例，累计确诊病例超1000万，升至10063319例[1]。新冠肺炎死亡率低于SARS，但新冠病毒相对于SARS病毒有更强的传染性。据美国《Emerging Infectious Diseases（新发传染病）》2020年的一份研究报告，以假设连续间隔为6~9天，新冠肺炎R0中位数为5.7（95%CI 3.8~8.9），当然，这是一个较高的理论计算值。[2]

感染人类的冠状病毒对热较为敏感，病毒在4℃适宜维持液中为中等稳定，−60℃可保存数年，但随着温度的升高，病毒的抵抗力下降，如SARS-CoV在37℃可存活4天，56℃加热90分钟[3]、75℃加热30分钟能够被灭活；不耐酸、碱，病毒复制的最适宜pH值为7.2；对有机溶剂和消毒剂敏感，75%酒精、乙醚、氯仿、甲醛、含氯消毒剂、过氧乙酸和紫外线均可灭活病毒。

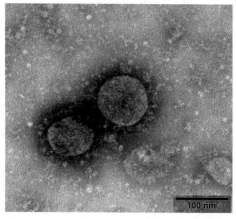

图7 2020年1月24日中国疾控中心病毒病预防控制所成功分离的我国第一株从临床样本中分离的新冠病毒电镜照片：武汉株02（C-F13-nCoV Wuhan strain 02），NPRC 2020.00002，可见其直径约100nm

SARS-CoV在室温24℃条件下在尿液里至少可存活10天，在腹泻病人的痰液和粪便里能存活5天以上，在血液中可存活约15天，在塑料、玻璃、马赛克、金属、布料、复印纸等多种物体表

---

❶ 新华社，确诊病例破1000万，六问解答全球疫情新变化，新华网，2020-06-30，http://www.xinhuanet.com/world/2020-06/30/c_1210682271.htm

❷ Sanche S, Lin YT, Xu C, Romero-Severson E, Hengartner N, Ke R. High contagiousness and rapid spread of severe acute respiratory syndrome coronavirus 2. Emerging Infectious Diseases. Volume 26, number 7. 2020 Jul

❸ 病毒对紫外线和热敏感，56℃加热30分钟可有效灭活病毒。医政医管局，关于印发新型冠状病毒肺炎诊疗方案（试行第七版）的通知，中国卫生健康委员会，2020-03-04。http://www.nhc.gov.cn

面均可存活2~3天。

目前仍不清楚新冠病毒在物体表面能存活多久，但可以参考其他冠状病毒的表现：可能会在物体表面存活数小时或数天。在不同条件下，例如在不同种类的物体表面以及不同的环境温度或湿度下，存活期可能会有所不同。❶

2.1.2 细菌

细菌（bacterium）则为原核生物，一种DNA裸露，细胞核无核膜包裹，只有拟核区的原始单细胞生物，无性繁殖，最主要的繁殖方式是二分裂法。许多细菌具有耐高温、高压和盐碱的特性，不同的种能适应令人难以想象的不同恶劣环境。最小的原核生物细胞与最大的病毒粒子大小相近，最大的与藻类细胞差不多。特定的细菌能被人类利用，在食品制造、生物医药、废水处理等方面发挥重大作用。但是细菌又是许多疾病的病原体，可以导致鼠疫、肺结核、淋病、梅毒、炭疽等传染病。细菌本身也会被病毒感染。

一般因细菌感染的疾病可通过抗生素治疗，如常用的青霉素，红霉素，四环素等，但是滥用抗生素会使细菌出现耐药性，甚至造成超级细菌的产生。

暖通空调界常提及的一种容易通过空调系统传播的疾病——军团菌病（Legionnaires' Diseases），可作为我们研究致病菌的一个典型案例。军团菌病于1976年美国费城退伍军人大会期间首次暴发流行，并因而得名，当时共221人患病，34人死亡，病原体来自宾馆空气处理设备和冷凝器❷。该病随后在欧洲、澳洲的多个国家和地区相继出现。1977年美国疾控中心McDade从病死

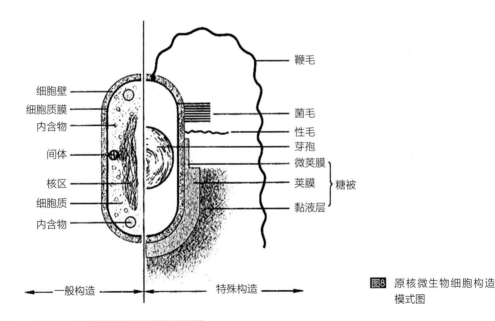

图8 原核微生物细胞构造模式图

细胞壁
细胞质膜
内含物
间体
核区
细胞质
内含物

鞭毛
菌毛
性毛
芽孢
微荚膜
荚膜 } 糖被
黏液层

←— 一般构造 —→ ←— 特殊构造 —→

---

❶ 以上有关冠状病毒的数据除注明者外，均来自：中国疾病预防控制中心 http://www.chinacdc.cn
❷ Sanford JP., Legionnaires' Disease: one person's perspective, Annals of internal medicine, 1979（90）4

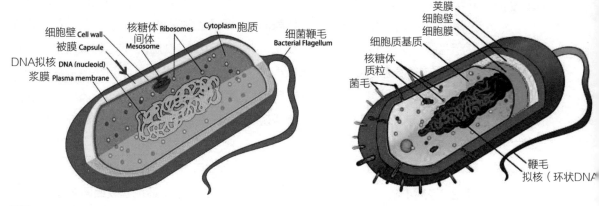

细胞壁 Cell wall
被膜 Capsule
DNA拟核 DNA (nucleoid)
浆膜 Plasma membrane
核糖体 Ribosomes
间体 Mesosome
Cytoplasm 胞质
细菌鞭毛 Bacterial Flagellum

荚膜
细胞壁
细胞膜
细胞质基质
核糖体
质粒
菌毛
鞭毛
拟核（环状DNA

图9 细菌构造

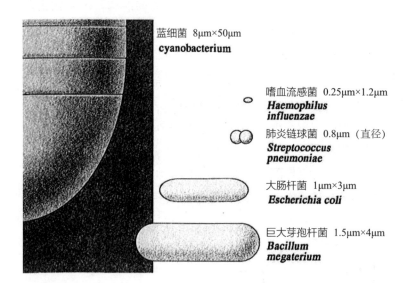

蓝细菌 8μm×50μm
cyanobacterium

嗜血流感菌 0.25μm×1.2μm
Haemophilus influenzae

肺炎链球菌 0.8μm（直径）
Streptococcus pneumoniae

大肠杆菌 1μm×3μm
Escherichia coli

巨大芽孢杆菌 1.5μm×4μm
Bacillum megaterium

图10 细菌大小比较

者肺部组织中分离和鉴定到一种革兰氏阴性杆菌，并于1978年正式定名为嗜肺军团菌，一种机会致病菌。我国1982年首次于南京发现军团菌病病例。军团菌（Legionella）广泛存在于天然淡水环境和人工水系统（自来水、热水淋浴器、中央空调、冷却塔水等）中，空调冷却水、空调冷凝水、淋浴喷头水是可能被军团菌污染的高危水体❶。目前已知

与人类疾病相关的军团菌共计24种，其中嗜肺军团菌是引起军团菌肺炎的主要病原菌。军团菌肺炎以发热和呼吸道症状为主，其中最为多见和严重的临床类型为以肺部感染为主，同时伴有全身多系统损害。军团菌病主要通过空气中气溶胶传播，中央空调冷却塔是主要传染源。军团菌病又可分两类：①军团菌肺炎（Legionella' pneumonia），临床

---

❶ 徐瑛，侯常春，刘洪亮．集中空调系统及其他生活环境水中军团菌污染状况．环境与健康．2007年2月第24卷第2期

特征表现为急性下呼吸道感染症状，属于非典型性肺炎，又称社区获得性肺炎和院内感染性肺炎，死亡率15%～30%，免疫力低下者高达80%，潜伏期一般为2～10天；②庞蒂亚克热（Pontiac fever），是类似流感的非肺炎性感染，绝大部分能在短期内恢复，潜伏期为5～66小时。❶军团菌病在欧美国家较为普遍，他们已经建立了较为完善的军团菌病监测系统，而在我国尚未被设为法定传染病，缺少广泛的监测系统，流行情况尚不甚清晰。❷

军团菌细胞呈杆状或长丝状，为需氧革兰氏阴性杆菌（the aerobic rod-shaped Gram-negative bacterium），（0.3～0.9）μm×（2～20）μm或更长，菌端钝圆，有的略弯曲，并常见到中间大而两端渐细的纺锤状菌体。不形成芽孢和荚膜，大多有运动能力。可生长温度为25～42℃，最适合生长温度为35～36℃，最适pH为6.8～7.0。军团杆菌对氯作用的抵抗力强于大肠杆菌，但常用的消毒剂如1%福尔马林、70%酒精、1∶8000氨溶液、0.05%苯酚等均可在1分钟内将其杀死。❸

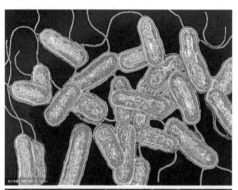
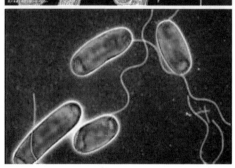

图11 军团杆菌电镜照片

2.1.3 真菌

真菌属真核微生物，在自然界分布广泛，种类繁多、数量庞大，是引起人畜感染、中毒和致病的病原菌，而且是速发型变态反应的重要致敏原。真菌及其毒素不仅存在于人们生活的室内外环境中，引起人类感染性和过敏性疾病，而且经常污染粮食、食品和饲料，导致人畜中毒或感染，造成巨大的经济损失。1997年，对上海市6个功能区的大气真菌的监测结果表明，上海市空气中常年飘散着多种真菌，芽枝菌属、交链孢属，红酵母属、酵母菌属和青霉属等为优势菌群；单细胞真菌以冬春季为高峰，夏秋季下降，而多细胞真菌则以夏秋季较高，冬春季较低。现在广泛使用的供暖、通风和空调系统，在特定条件

❶ 朱庆义，胡朝晖，梁耀铭等. 广东地区环境水源和临床标本嗜肺军团菌培养与基因快速鉴定. 中华医院感染学. 2006年第16卷第1期。朱庆义. 军团菌和军团菌病的诊断. 中华检验医学，2011年2月第43卷第2期
❷ 刘凡，葛覃兮，张宝莹等. 国内外军团菌病监测系统及流行现状研究进展. 环境与健康. 2013,30（5）. 芦烨，陈愉，赵立. 军团菌病流行病学研究现状及其在呼吸道感染中的地位. 中华内科. 2015年5月第54卷第5期
❸ 尹景峰. 军团菌的研究进展. 现代农业. 2017（10）

下成为真菌和细菌污染的聚居处，许多产毒真菌如青霉属、镰刀菌属、链格孢属，曲霉属等已被证实在室内空气中广泛存在。湖南省对34家三星级以上宾馆和大型商场、超市集中空调风管系统卫生状况的一项调查结果表明，空调风管积尘量中位数为4.85g/m²，细菌含量中位数8400cfu/g，真菌含量中位数为15000cfu/g，此结果表明集中空调及相关的室内环境污染严重，尤其是真菌污染特别严重。❶

真菌产生的有毒代谢产物，称为真菌毒素（mycotoxin），俗称霉菌毒素。以往对真菌毒素的研究多集中于其对粮食、食品的污染，近年来对空气中真菌毒素的报道亦日见增多。真菌毒素分子量相对较高而挥发性相对较低，因此在空气中主要以悬浮颗粒物的形式存在。有关农作物处理现场家畜饲料厂车间、实验室的现场调查表明，扬尘中有高浓度的黄曲霉毒素。由于室内空气处理系统和不同建筑材料的运用，室内空气被产毒真菌污染的可能性日益增加。通常把能产生真菌毒素的真菌称为产毒真菌，一种菌种或菌株可以产生数种不同的毒素，而同一种毒素也可由不同的真菌产生。如岛青霉可以产生岛青霉毒素、黄天精、环氯素和红天精等多种毒素；黄曲霉毒素可由黄曲霉、寄生曲霉等真菌产生。粮食、食品中常见的产毒真菌有3个属，即曲霉属、青霉属和镰刀菌属。目前已发现的真菌毒素达300余种。大多数真菌繁殖的最适温度为25~30℃，在0℃以下或30℃以上，不能产毒或产毒能力减弱，一般产毒温度略低于生长最适温度。水分和环境温度是影响真菌繁殖和产毒的重要因素，低浓度的CO_2对真菌生长有一定刺激作用，所以通风不良也是真菌繁殖产毒的条件。人畜食用了受真菌毒素污染的食品、饲料后发生的食物中毒，称为真菌毒素食物中毒或真菌性食物中毒，又称真菌毒素中毒症（mycotoxicosis）。我国常见的真菌毒素食物中毒包括赤霉病麦中毒、霉变甘蔗中毒和霉变谷物中毒等。

空气中存在着大量的真菌孢子，从真菌孢子和菌丝体基质中可分离出真菌毒素，可通过呼吸道吸入和皮肤吸收进入体内，其毒作用类似于消化道吸收所产生的作用。许多真菌孢子的粒径约5μm，这样大小的颗粒可沉积在肺泡，其所附真菌毒素由于其低分子量和可溶性，易通过呼吸道黏膜吸收。有报道指出，空气中存在的真菌毒素包括黄曲霉毒素、单端孢霉烯族化合物及玉米赤霉烯酮等，可影响机体的免疫功能及宿主对感染和过敏源的反应。流行病学调查结果提示，空气中真菌毒素与肿瘤发生有关。药物或抗生素对真菌毒素中毒症的疗效甚微。而且真菌毒素一般都是小分子化合物，对机体不产生抗体。❷

❶ 本节有关真菌的知识和数据，除注明者外，均采用自：杨克敌，鲁文清. 现代环境卫生学（第3版）. 北京：人民卫生出版社，2019
❷ 杨克敌，鲁文清主编. 现代环境卫生学（第3版）. 北京：人民卫生出版社，2019

毒素种类	毒素名称	主要的产毒菌
肝脏毒	黄曲霉毒素 杂色曲霉素 黄天精 环氯素 岛青霉素 红青霉毒素 赭曲霉毒素	黄曲霉、寄生曲霉 杂色曲霉、构巢曲霉 岛青霉 岛青霉 岛青霉 红青霉 赭曲霉
肾脏毒	桔霉素 曲酸	桔青霉 米曲霉
神经毒	棒曲霉素 黄绿青霉素 麦芽米曲霉素	荨麻青霉、棒性青霉 黄绿青霉 米曲霉小孢变种
造血组织毒	拟枝孢镰孢霉毒素 雪腐镰孢霉烯醇 葡萄穗霉毒素	梨孢镰孢霉 雪腐镰孢霉 葡萄穗霉
光过敏性皮炎毒	孢子素 菌核病核盘霉毒素	纸皮思霉 菌核病核盘霉

2.1.4 动物性传播媒介

节肢动物及啮齿动物作为病毒和细菌的携带者、传播者，本书中以俗称为新四害的蚊子、蟑螂、苍蝇以及老鼠为例，做一简要介绍。

虫媒传染病共分五种：①虫媒性病毒传染病，数量最多，包括：包括流行性乙型脑炎在内的十余种脑炎、登革热和登革出血热、流行性出血热、包括埃博拉出血热在内的其他五种出血热、基孔肯雅病、黄热病、科萨努尔森林病、拉沙热、马尔堡病毒病、李夫特山谷热等。②虫媒性立克次体❶传染病，主要包括：恙虫病、鼠源性斑疹伤寒、流行性斑疹伤寒、斑点热、无形体病、埃立克体病等。③虫媒性细菌传染病，包括：鼠疫、兔热病等。④虫媒性螺旋体传染病❷，包括：莱姆病、蜱传回归热等。⑤虫媒性寄生虫病，包括：疟疾、黑热病、丝虫病、弓形体病等。由于全球气候变暖，近年虫媒传染病发生呈上升趋势，许多过去仅在热带地区出现的虫媒传染病，也开始出现在亚热带、甚至温带地区。这个过程还伴随着新发虫媒传染病，例如西尼罗热，1999年首

❶ 立克次体是介于细菌与病毒之间的微生物
❷ 螺旋体（spirochete）是一类细长、柔软、弯曲呈螺旋状、运动活泼的原核细胞型微生物。在生物学位置上介于细菌与原虫之间

次在美国暴发，之后连年流行。虫媒传染病在我国每年传染病总发病病例中占5%~10%，但其病死率占了传染病总病死数的30%~40%。

蚊类，具有传播媒介能力的节肢动物中以蚊类为最多。截至2011年，已登记的535种虫媒病毒中，从蚊类分离到的病毒为265种，占近50%，其中伊蚊属117种居首，库蚊属103种第二，其次为按蚊50余种。可以说，所有昆虫中蚊类对人类威胁最大。

我国蚊传传染病最常见的流行性乙型脑炎、疟疾、登革热和登革出血热，发病率近年有上升趋势。流行性乙型脑炎在我国除东北北部、青海、新疆、西藏外均流行，但大部分位于淮河和长江流域。疟疾在我国分布广泛，除南方沿海外，北方地区也有流行，主要在5~10月。登革热传播迅速，常引起大规模流行，主要在广东、广西、福建等省、区。❶

全球已经证明的由蚊类传播的疾病有几十种，主要有：疟疾、班氏丝虫病、马来丝虫病、东部马脑炎、西部马脑炎、委内瑞拉马脑炎、圣路易脑炎、日本流行性乙型脑炎、登革热、登革出血热、西尼罗热、罗斯河热、黄热病等。❷

蟑螂，中文学名蜚蠊，常见者美洲大蠊、黑胸大蠊（本土蜚蠊）以及德国小蠊等。蟑螂携带细菌，以肠道菌为主，最多的是大肠杆菌，还有蜡样芽孢菌、痢菌、绿脓杆菌等，细菌可在蟑螂肠道内保存2~9天，且可随粪便排出体外存活十余天。携带真菌，最多的是黄曲霉菌，其他还有青霉、根霉和毛霉等。携带病毒，腺病毒占比最大。携带肠道寄生虫卵：蛔虫卵、钩虫卵、蛲虫卵和鞭虫卵等。蟑螂的组织、雄虫腹节中腺体排出的异臭物质以及粪便排泄物，可引起哮喘、过敏性皮炎等。据美国、印尼和新加坡等地报告，约40%的哮喘病例系由蟑螂诱发。并且，长期接触蟑螂及其排泄物可能引发肝癌等癌症。❸

 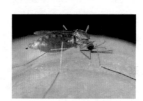

图12　左：伊蚊

　　　中：库蚊

　　　右：按蚊

图13　左：美洲大蠊

　　　中：德国小蠊

　　　右：黑胸大蠊

❶ 李文刚，赵敏. 虫媒传染病流行现状. 传染病信息，2011（1）
❷ 杨永茂，李付业，蔡东 等. 蚊媒传染病与卫生检疫对策. 口岸卫生控制. 2005（01）
❸ 胡修元. 蟑螂与疾病的关系. 中国媒介生物学及控制杂志. 1989（05）. 吴珍泉. 蟑螂生物防治. 昆虫学创新与发展——中国昆虫学会2002年学术年会论文集，2002. 余向华. 蟑螂种群分布及季节消长监测分析. 中华卫生杀虫药械. 2009（02）

苍蝇，与住区健康有关的苍蝇主要有五种：家蝇、金蝇、绿蝇、麻蝇、厕蝇。苍蝇能携带的细菌几乎囊括了整个细菌学的范围，并且带菌能力惊人强大，一只苍蝇体外能携菌500余万，体内更可藏菌数千万，可同时携带60多种细菌，以及大量病毒、螺旋体和寄生虫卵。苍蝇能传播的疾病约50余种，几乎涵盖人体各系统。最常见的是消化系统疾病：细菌性痢疾、阿米巴痢疾、肠炎、伤寒、副伤寒、霍乱等。其他，呼吸系统疾病：肺结核等；神经系统疾病：脊髓灰质炎等；视觉系统：沙眼、细菌性结膜炎等；皮肤系统：细菌性溃疡、螺旋体霉疮等；寄生虫病：蛔虫、鞭虫等；还传播炭疽、鼻疽、腺鼠疫、麻风病等。另外，苍蝇易在各类养殖场大量孳生，并造成公共卫生危害。❶

鼠类，全世界鼠类目前已知为35个科389个属，大约2700多种，90%的鼠种能携带200多种病原体，能使人致病的有57种，其中病毒性疾病31种、细菌性疾病14种、立克次体病5种、寄生虫病7种。我国有近200种鼠类，已经查明可传播疾病近80种。鼠传疾病的传播途径可分为直接传播和间接传播。直接传播途径是通过鼠咬伤，直接接触疫鼠的粪便、尿、鼻腔或口腔分泌物，食入被疫鼠粪便、尿等污染的食物、水以及吸入疫鼠粪便、尿等污染物所形成的气溶胶而传播；间接途径则是通过蜱、蚤、螨等虫媒传播给人类。

鼠传细菌性疾病，最主要是鼠疫，由鼠疫耶尔森氏菌引起的疾病，最常见的感染途径是被疫蚤叮咬。此病发生在非洲、亚洲和美洲，褐家鼠、黄胸鼠和黑家鼠均为城镇最常见的宿主。达乌尔黄鼠、喜马拉雅旱獭以及长爪沙鼠是我国草原、荒漠和半荒漠地区鼠疫的主要宿主。多乳鼠是鼠疫在非洲重要宿主。由于环境、病原体、宿主、媒介种类、杀虫剂以及人类行为等因素的相互

图14 左上至右下：家蝇、金蝇、绿蝇、麻蝇、厕蝇

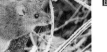

图15 上：黑家鼠

中：褐家鼠

下：黄胸鼠

❶ 王振坤. 苍蝇与疾病. 北京：人民卫生出版社，1986. 罗启顺. 你对苍蝇知多少. 家庭医学. 1989（03）. 周绪正，张继瑜，李冰 等. 规模化肉牛养殖场苍蝇的防控策略. 中国奶牛. 2011（21）. Doug Kuney. 禽场苍蝇控制. 中国家禽. 2007（21）

作用，鼠疫自然疫源地有扩大趋势，是世界性的公共卫生问题。此外，细菌性疾病莱姆病属于新发传染病，因分布广、传播快、致病率高，已经严重影响了人类的健康，因此，也引起了全球的关注。莱姆病由伯氏包柔螺旋体经硬蜱传播，发生在澳洲、欧洲、中国、苏联和美国。我国报告的鼠类有黑线姬鼠、大林姬鼠、小林姬鼠、褐家鼠、棕背鼠和白足鼠等。钩端螺旋体病也呈全球性分布，是热带和亚热带地区最常见的病种之一。鼠类中的褐家鼠和黑家鼠，是最主要的宿主。

在鼠传病毒性疾病中，汉坦病毒性疾病是一种致命性疾病，死亡率可高达40%。此外，还有森林脑炎、鼠传出血热等。

鼠传立克次体病，常见的有鼠型斑疹伤寒、斑点热和恙虫病等。

鼠传寄生虫病，包括原虫、线虫、绦虫和棘头虫等引发的大量疾病。例如主要发生在南美洲和中美洲，由黑家鼠、刚毛棉鼠和库氏稻鼠等传播的恰加斯病；波及欧洲、亚洲、非洲和美洲的，由肥沙鼠、尼罗垄鼠以及沙鼠属、稻鼠属、地棘鼠属、南美原鼠属和家鼠属等鼠种传播的利什曼病；还有多种蠕虫病，例如黑家鼠和缅鼠传播日本血吸虫，褐家鼠、黑家鼠、黄毛鼠和达氏家鼠等鼠类作为宿主，传播广州管圆线虫、旋毛形线虫和肝毛细线

虫等线虫和缩小膜壳绦虫、微小膜壳绦虫、巨颈绦虫和细粒棘球蚴等绦虫疾病。❶

2.2 传染病的传播方式

传染病（communicable diseases）在人群中的传播流行过程，指病原体从感染者体内排出，经过一定的传播途径，侵入易感者机体，形成新的感染，并不断发生、发展的过程。传染病的流行须具备三个基本环节：传染源、传播途径和易感人群。三个环节同时存在、相互联系，才能构成传染病流行，如果缺少其中任何一个环节，新的传染就不会发生，也就不会形成流行。

传染源（source of infection）是指体内有病原体生存、增殖并能排出病原体的人或动物，包括被传染的病人、病原携带者和受感染的动物。人传染源体内存在大量病原体，尤其病人的某些症状有利于病原体的排出，如霍乱、细菌性痢疾等消化道传染病病人通过腹泻等症状排出病原体，而麻疹、百日咳等呼吸道传染病患者通过咳嗽排出病

❶ 琚俊科，龚正达. 我国小兽与自然疫源性疾病关系研究概况. 中国媒介生物学及控制杂志. 2010（04）. 郑剑宁，袁炳良. 鼠传疾病与鼠害控制研究. 中华卫生杀虫药械. 2007（06）. 汪诚信. 我国鼠害及其防治对策，中国媒介生物学及控制杂志. 1996（01）

原体，易感人群与这些密集的病原体接触，会增加传染病的传播机会。受感染的动物传染源，传播动物性传染病，又称人畜共患病（zoonosis），其中野生动物是需要密切关注的传染源。近来常发生的高致病性禽流感，即是由受感染的猪、鸡、鸭等传播的。

传播方式或传播途径（modes of transmission），指病原体从传染源排出后，到达易感者所经历的途径。传染病可通过一种或多种途径传播。

易感人群作为一个整体，对传染病的易感程度称为人群易感性（herd susceptibility）。人群易感性的高低取决于该人群中易感个体占全部人口的比例。评价人群对某传染病的易感性的高低，可以从人群中该病既往流行情况、针对该病的预防接种情况以及人群进行该传染病抗体水平检测结果等进行判定。[1]对于新冠病毒，人群普遍易感。

从公共卫生学的角度，传染病的传播途径可做如下详细的种类划分和特征描述[2]：

2.2.1 空气传播

经空气传播（airborne transmission）是呼吸系统传染病的主要传播方式，也是本书的重点，媒介包括飞沫、飞沫核、气溶胶[3]与尘埃等：①飞沫，人在咳嗽或喷嚏时可从鼻腔和口腔喷射出数百万个细小的飞沫，呼吸道疾病患者的飞沫小滴中可含有致病微生物；②飞沫核（droplet nuclei），较小的飞沫喷出后，在空气中很快蒸发形成非常细小的粒子（粒径大多为0.5~12μm），称作飞沫核，飞沫核在空气中悬浮扩散，包裹其内的微生物可存活较长时间；③尘埃，微生物可悬浮于在空气中散布的较小尘埃（一般粒径在10μm以下）上，可被吸入呼吸道，较大尘埃则因地心的引力作用很快沉降或被阻留于鼻腔。以上三种介质被人类吸入后是否进入肺内，主要取决于粒径的大小，粒径在10μm下的颗粒通常称"可吸入颗粒物"（inhalable particle，IP）或气溶胶（aerosol），附着有微生物的固体或液体的可吸入颗粒物称为微生物气溶胶。实验表明，一般粒径大于5μm的，多被阻于鼻腔黏膜；小于5μm的可通过鼻腔进入呼吸道内；2~5μm的颗粒附着在上呼吸道黏膜上，可被黏膜纤毛排出，有可能转而进入消化道内；0.2~2μm的颗粒可入肺，并滞留在肺泡内，但≤1μm的也可能由于布朗运动被重新呼出[4]。流行特征为：①传播广泛，发病率高；②冬春季节高发；③少年儿童多

❶ 陶芳标，李十月. 公共卫生学概论（第二版）. 北京：科学出版社，2017
❷ 这部分内容系来自：陶芳标，李十月. 公共卫生学概论（第二版）. 北京：科学出版社，2017. 中国疾病预防控制中心网站 www.chinacdc.cn；中国卫生健康委员会网站 http://www.nhc.gov.cn；杨克敌，鲁文清. 现代环境卫生学. 北京：人民卫生出版社，2019年1月第3版
❸ bioaerosols——悬浮在大气中的气溶胶、微生物及其副产物和花粉的集合体。颗粒越大扩散能力越低，高温干燥有利于扩散，低温潮湿，特别是下雨，不利于扩散。
❹ 杨克敌，鲁文清主编. 现代环境卫生学（第3版）. 北京：人民卫生出版社，2019

见；④在未经免疫预防的人群中，发病呈现周期性；⑤居住拥挤和人口密度大的地区高发。

经空气传播的疾病包括：结核病、百日咳、流行性脑脊髓膜炎、传染性非典型肺炎、炭疽、流行性出血热、人感染高致病性禽流感、流行性腮腺炎、甲型H1N1流感、流行性感冒、鼻疽和类鼻疽、德国肠出血性大肠杆菌O104感染、诺如病毒急性胃肠炎、风疹、埃博拉出血热、猩红热、中东呼吸综合征，以及新冠肺炎等。其中，新冠病毒经呼吸道飞沫和密切接触者是主要的传播途径。在相对封闭的环境中长时间暴露于高浓度气溶胶情况下存在经气溶胶传播的可能。由于在粪便及尿中可分离到新冠病毒，应注意粪便及尿对环境污染造成气溶胶或接触传播❶。

主要通过空气传播的病原微生物及所致疾病 　　表2

疾病名称	病原微生物
细菌性疾病	
肺结核	肺结核分枝杆菌
肺炎球菌性肺炎	肺炎链球菌
葡萄球菌呼吸道感染	葡萄球菌
链球菌呼吸道感染	酿脓链球菌
流行性脑脊髓膜炎	脑膜炎奈瑟菌
白喉	白喉棒状杆菌
百日咳	百日咳博德特菌
猩红热	酿脓链球菌
肺鼠疫	鼠疫耶尔森菌
肺炭疽	炭疽芽孢杆菌
军团病	嗜肺军团杆菌
病毒性疾病	
流感性感冒	流感病毒（正黏病毒科）
人感染禽流感	禽流感病毒（正黏病毒科）
传染性非典型肺炎SARS	SARS病毒（冠状病毒科）
中东呼吸综合征	Mers病毒（冠状病毒科）
新冠肺炎	Covid-19病毒（冠状病毒科）
麻疹	麻疹病毒（副黏病毒科）
流行性腮腺炎	腮腺炎病毒（副黏病毒科）

---

❶ 医政医管局，关于印发新型冠状病毒肺炎诊疗方案（试行第七版）的通知，中国卫生健康委员会，2020-03-04。http://www.nhc.gov.cn。

续表

疾病名称	病原微生物
天花	天花病毒（豆病毒科）
水痘	水痘病毒（疱疹病毒科）
风疹	风疹病毒（披盖病毒科）
急性咽炎、病毒性肺炎等	腺病毒（腺病毒科）
其他病原微生物引起的疾病	
Q热	伯氏立克次体
原发性非典型性肺炎	肺炎支原体
奴卡菌病	星状马杜拉放线菌
组织胞浆菌病	荚膜组织胞浆菌
隐球菌病	新型隐球菌
农民肺	甘草小孢菌

2.2.2 经水传播

经水传播（waterborne transmission），包括经饮用水传播和接触疫水传播两种方式，一般肠道传染病经此途径传播。

（1）经饮用水传播的传染病主要有：霍乱、伤寒、副伤寒和细菌性痢疾及甲型肝炎等。流行特征为：①病例分布与供水范围一致，有饮用同一水源史；②除哺乳婴儿外，无职业、年龄及性别的差异；③如水源经常受污染，则病例长期不断；④停用污染源或采取净化、消毒措施后，爆发或流行可被平息。

（2）经接触疫水传播的传染病：血吸虫病、钩端螺旋体病等。流行特征为：①病人有接触疫水史；②发病有地区、季节、职业分布特点；③大量易感人群进入疫区，可引起爆发或流行；④加强个人防护、对疫水采取措施可控

制疾病的流行。

其他经水传播的传染病包括：感染性腹泻病、急性出血性结膜炎、脊髓灰质炎、病毒性肝炎、广州管圆线虫病等。

2.2.3 经食物传播

经食物传播（foodborne transmission），主要为肠道传染病、某些寄生虫病、少数呼吸系统疾病等。当食物本身含有病原体或受病原体污染时，易感者因进食了这种被污染的食物，可引起传染病的传播。流行特征为：①病人有食用相同食物的历史，不进食者不发病；②患者的潜伏期短，一次大量污染可致暴发或流行；③停止供应污染食物，爆发或流行可被平息。

经食物传播的传染病范围与经水传播的传染病范围一致。

2.2.4 接触传播

接触传播（contact transmission），通常分为直接接触传播和间接接触传播两种。

（1）直接接触传播（direct contact transmission），是指没有外界因素参与下，易感者与传染源直接接触，通过如撕咬、接吻和性行为等方式，病原体从传染源直接传播至易感者合适的侵入门户而导致的传播，如性病、艾滋病、狂犬病等。

（2）间接接触传播（indirect contact transmission），是指易感者接触了传染源的排泄物或分泌物污染的物品，如门把手、电梯按钮、毛巾、餐具、电话等所造成的传播，也称为日常生活接触传播。许多肠道传染病、某些人畜共患病均可以此方式传播。

接触传播的传染病包括：鼠疫、狂犬病、人感染高致病性禽流感、淋病、布鲁氏菌病、新生儿破伤风、麻风病、包虫病、手足口病、马尔堡出血热、拉沙热、艾滋病、梅毒、麻疹。接触传播也是新冠病毒的一个重要传播方式。

2.2.5 虫媒传播

虫媒传播（vector transmission），又称节肢动物传播（arthropod borne transmission），是以节肢动物作为传播媒介而造成的感染，病原体通过节肢动物、昆虫等媒介生物的携带或叮咬传

至易感者，病原体通过机械携带或生物性（吸血）传播。流行特征：①有明显的地区性，病例的分布与传播该病的节肢动物的分布一致；②多呈季节性分布，发病率升高与节肢动物的活动季节一致；③有职业及年龄分布特点，从事特殊职业的人群发病多，如森林脑炎多见于伐木工人；④一般无人与人之间的相互传播。

虫媒传播的传染病包括：黑热病、流行性和地方性斑疹伤寒、流行性乙型脑炎、裂谷热、黄热病、西尼罗病毒、美洲锥虫病、基孔肯雅热、寨卡病毒病、疟疾、登革热、霍乱、丝虫病等。

2.2.6 其他传播

经土壤传播（soilborne transmission），是指易感人群接触了被病原体污染的土壤所导致的传播。寄生虫卵或细菌的芽孢在土壤中的传染力可达数十年。有些寄生虫卵从宿主排出后，需在土壤中发育一段时间才具有感染力。经土壤传播的传染病主要有蛔虫病、钩虫病等一些肠道寄生虫病，及能形成芽孢的细菌病，如破伤风杆菌病、炭疽杆菌病等。

医源性传播（nosocomial transmission），指在医疗和预防工作中，因为未能严格执行规章制度和操作规程，使医疗卫生场所、医疗器械、生物制品和血液制品受到病原体的污染，使得易感者在就医或从事医疗工作等过程中人为

地被感染。可分为两类：①易感者在接受检查或治疗时由污染的器械导致的传播；②由于输血或所使用的生物制品和药品遭受污染而造成的传播，如病人在输血时感染乙型肝炎、丙型肝炎或艾滋病等。

垂直传播（vertical transmission），是指病原体通过母体传给子代的传播，或称母婴传播。主要方式包括经胎盘传播、上行性传播和分娩时传播三种方式。经胎盘传播：指受感染的孕妇经胎盘血液将病原体传给胎儿引起宫内感染。常见的有风疹、艾滋病、梅毒和乙型肝炎等。上行性传播：病原体从孕妇阴道到达绒毛膜或胎盘引起胎儿宫内感染，如链球菌、葡萄球菌、大肠埃希菌、肺炎链球菌、白色念珠菌、单纯疱疹病毒、巨细胞病毒等。分娩时传播：分娩过程中由于胎儿从无菌的羊膜腔内产出而暴露于严重感染的产道而致皮肤、黏膜、呼吸道或肠道等被感染。如淋球菌、结膜炎包涵体、疱疹病毒等。

需要注意的是，一种传染病有可能通过不止一种传播方式进行传播。

本书所针对的传播途径主要是经空气传播、经水传播、接触传播和虫媒传播四种。其中，如新冠肺炎等，能通过空气传播的传染病因防控难度较大，对城市居民威胁也更大，需要特别的关注。

2.3 病原的灭杀与抑制

再梳理一下病毒与致病细菌的存活条件与灭杀方式。病毒和病菌主要存活于宿主（如果子狸、蝙蝠、骆驼、禽类、昆虫、鼠类、人类等）体内，离开宿主后，能在有限时间内存活于含水介质中，如污水、飞沫、鼻涕、痰、尿液、粪便以及实验室的培养液等，由此也可附着于日常生活中常用的各种材料表面：如门把手金属、购物袋或电梯按钮塑料、装饰瓷砖、门窗玻璃、衣物布料、办公用纸等。

与健康住区关系较大的微生物灭杀清除的理化方法梳理列举于下[1,2]：

（1）化学消毒。通过和细菌、病毒中的化学成分发生反应进行灭杀。常用防腐剂或消毒剂：乙醇或异丙醇溶液、含酚化合物或阳离子去污剂（如日常使用的肥皂、洗液等）、H_2O_2溶液、碘伏复合物、氯气及含氯化合物、$CuSO_4$、环氧乙炔、甲醛、臭氧等。

（2）高温灭杀。利用高温可以使致病细菌和病毒的有机物质发生变性，使其失活。日常可用煮沸灭菌（可添加1%$NaCO_3$或2%~5%苯酚），有条件可用高压蒸汽灭菌，一般为121℃蒸压15~20分钟，或使用干热法，较湿热法需要更高温度和更长时间。

---

[1] 本书有关病毒、细菌和真菌等微生物的知识，除注明者外，均采用自：沈萍、陈向东主编. 微生物学. 第8版. 北京：高等教育出版社，2016
[2] 略去一些纯用于科学研究的灭杀清除方法

（3）辐射消杀。用于灭菌的电磁波有：微波、紫外线、X射线、伽马射线等。日常多见于洗衣烘干机，餐具消毒柜等。UVC紫外线[1]已被发现具有突出的消毒杀菌效果，可通过直接破坏细菌、病毒的遗传物质DNA和RNA，达到高效彻底的消毒效果。冠状病毒属于单股正链RNA病毒，基于紫外线对RNA核酸的破坏作用，一定剂量的紫外线辐射可杀灭新型冠状病毒。中华人民共和国国家卫生委员会发布的《2019年新型冠状病毒感染性肺炎的诊断和治疗》（第七版）明确提示，"（新冠）病毒对紫外线和热敏感"[2]。

（4）负离子灭活。负离子可在微生物周围形成一个正负电场，细菌病毒在电场作用下会被电击改变其蛋白质的极性，使其失去活性从而被杀死。有研究显示，当空气负离子浓度达到每cm^3数十万个（$10^5/cm^3$），能抑制葡萄球菌、沙门氏菌属，杀死大肠杆菌[3]。常见住区可以应用的负离子设备包括带负离子功能的空气净化器、负离子灭菌衣柜等。在应用负离子净化技术时，要同时注意臭氧和静电两个潜在的副作用风险，过量的臭氧则会加速细胞的角质化甚至破坏人体免疫机能；静电容易吸引悬浮灰尘，使敏感皮肤容易受到刺激产生皮肤病症[4]。经过技术迭代，市场中大部分的负离子净化设备在臭氧和静电控制两方面已得到有效控制，建议选用负离子浓度高，无臭氧或低臭氧产生、并有可靠除静电接地措施的设备型号。同时，为保证负离子活性，冬季建议配合加湿器使用[5]。

（5）过滤清除。包括三种类型：①针对空气过滤的细纤维过滤网，②膜滤器——醋酸纤维素或硝酸纤维素制成的0.22~0.45μm微孔膜，③核孔滤器——由用核辐射处理得很薄的聚碳酸胶片再经化学蚀刻而成。后两者可去除溶液中的微生物，主要用于科学研究。

（6）高渗抑制作用。主要用于抑菌，通过降低周围溶液水活度$α_w$，使细菌原生质中的水向周围扩散发生质壁分离而使生长收到抑制。例如，日常用10%~15%浓度盐腌制肉食品，用50%~70%浓度的糖制作果脯蜜饯。

（7）干燥抑制。没有水就没有微生物，日常保持碗柜、衣柜干燥就是这个道理。

对于病原微生物，除了消杀策略之外，还有抑制策略。消毒（disinfection）指杀灭或清除传播媒介上病原微生物，使其达到无害化的处理。灭菌（sterilization）指杀灭或清除传

---

[1] UVA是波长400~315nm的紫外线，UVB波长320~280nm，UVC波长280~200nm
[2] 医政医管局. 关于印发新型冠状病毒肺炎诊疗方案（试行第七版）的通知. 中国卫生健康委员会，2020-03-04. http://www.nhc.gov.cn
[3] 张艳玲，左磊，魏丽. 空气负离子对呼吸病房空气消毒及支气管哮喘治疗作用的观察. 泰山医学院学报，2002（01）：65-66
[4] 余者彬，张波. 负离子技术与装置. 企业技术开发，2012，31（Z1）：113-115
[5] 彭江华. 利用空气负离子提升室内空气品质技术研究. 重庆科技学院，2017

播媒介上一切微生物的处理。抗菌（antibacterial）指采用化学或物理方法杀灭细菌或妨碍细菌生长繁殖及其活性的过程。抑菌（bacteriostasis）指采用化学或物理方法抑制或妨碍细菌生长繁殖及其活性的过程。[1]用消毒、灭菌手段消除病原微生物能够及时起效，但不持久。按规程消毒后，消毒场所的微生物数量短时间内能下降至极低水平，甚至完全清除，然而经过一段时间后，环境微生物数量又会缓慢恢复。而抗菌、抑菌病虽不能速效，但是可以持续地使微生物数量一直控制在较低的水平，有长期效果。另外，不同于消毒、灭菌以防止或减少病菌的传播为目的，抗菌、抑菌除了可以防止或者减少病原微生物的传播外，还能保护材料或者产品本身免受病原微生物的损害，如腐败、霉变等。抗菌、抑菌作为一种重要的微生物控制方式，抗菌涂料、玻璃胶、地板、瓷砖，乃至抗菌卫浴等众多建材和部品被开发出来，近年来在建筑和建材领域得到了应用。

对于较难防范的经空气传播的新冠病毒，世界卫生组织建议个人采取一些简单的防范措施来降低感染或传播的几率，可作为防范经空气传播的病毒的常规方法[2]：①经常用含酒精成分的免洗洗手液或用肥皂和清水认真洗手，杀灭手上的病毒；②与咳嗽或打喷嚏的人保持至少1米的距离；③避免触摸眼、鼻、口；④应确保自己及周围的人保持良好的呼吸卫生习惯。打喷嚏或咳嗽时，需用弯曲的肘部遮挡口鼻，或用纸巾并立即妥善处置用过的纸巾；⑤如果感觉不适，就应居家静养，如果发热、咳嗽或呼吸困难，应求医并预先打电话，应遵循当地卫生部门的指示[3]。对于个人而言，应做到"五早"：早发现、早报告、早诊断、早隔离、早治疗。"五早原则"能够有效防止新型冠肺炎患者、疑似患者和无症状感染者传染他人，避免引起更大范围的流行。以上措施均着眼于消杀病原体和阻断病原体的传播，这也是住区防疫的重点。

---

❶ 卫生部，消毒技术规范（2002年版），国家卫生健康委员会网站，2020-11-15 http://www.nhc.gov.cn/xxgk/pages/viewdocument.jsp?dispatchDate=&staticUrl=/zwgkzt/wsbysj/200804/16508.shtml&wenhao=无&utitle=卫生部关于印发《消毒技术规范》(2002年版)的通知&topictype=&topic=&publishedOrg=食品安全综合协调与卫生监督局&indexNum=000013610/2006-01834&manuscriptId=16508
❷ 来源：世界卫生组织https://www.who.int/zh
❸ 中国实行的措施高于世卫组织的建议。其中第4条，中国要求戴口罩；第5条，中国居家隔离或指定隔离点隔离，若病情严重，立即隔离就医

第 3 章

居住区规划防疫

目前城市规划都有灾害防治的专篇，一般包括防洪、抗震、消防、人防规划等许多灾害防御的部分，此次新冠疫情的大规模爆发提醒人们城市灾害防御体系中今后将会在城市规划建设方面特别对疫情的防御提出要求。本书只从社区层面探讨防疫规划所考虑的内容，在更宏观的城市层面有市政排污设施规划、生活垃圾无害化处理、医疗卫生体系规划，包括传染病防治医院和类似方舱的城市紧急应对系统等更高级别的规划，但在社区层面也要积极应对，完善"自上而下、自下而上"的规划响应体系。

从规划层面看，社区对外需要与城市保持很好的联系，对内还要有合理的结构和配套服务设施布局，城市规划本身会有相关的篇章和相应的规划专项研究对相应的要求和设计原则以及最终如何落实进行探讨，但是此次新冠疫情发展的新状况使得城市规划在疾病和传染病的防控方面需要进一步考虑。

减少人们在社区的交叉感染的几率是疫情期间的需要，但是没有产生疫情的时候人们往往希望营造更多交往和交流的机会，邻里之间需要良好的社交气氛，这就对实际应用时如何兼顾二者提出了考验。

建筑的合理布局和间距也成为探讨健康住区时需要探讨的问题，合理的间距使病毒在空气中浓度不至于轻易达到感染致病的病毒载量，并且还可通过自然界空气和阳光的净化作用适度阻断病毒的传播。因此防止邻近住户单元之间的空气串通对于健康住区防控非常重要。

对于人员的健康问题的即时监察和应对处理是社区规划管理时需要考虑的，主要是配置相应的设备并组织志愿者维护秩序。但相应的防护物资和志愿者等需按照社区人口数量进行相应的储备。主要物资包括：消毒工具、检测工具、临时性隔离和中转运输设施等。

社区的人们无论居家隔离和正常外出工作交往的时候，都需要相应的配套服务作为保障，其中供水、电、煤气、污水等设施大多数集合住宅区都已经配套到户内，垃圾清运设施大多配套在建筑和楼宇周边，也有少数高层建筑设置在室内的楼梯间，居住区级的环卫工程需考虑垃圾转运站的设置。户外锻炼和幼童们的室外活动场所需在社区内组织，使居民在防疫隔离的同时可以适度进行户外活动和锻炼。

食物和日用品的采购以及防护物资、医疗清洁物品和常规药品采购可以在更大的范围内寻求解决，甚至特殊状态下的其他病症的医疗也需要在更大的服务和规划单元层面寻求解决。

一些富足的家庭在抗疫过程中有良好的经济条件作为支撑或许可以不受影响，但一些贫困的家庭或有残障人士的家庭则需要更为惠民的政策和资金以及在服务方面更多的支持方能渡过难关，因此对于相对困难的居住者，特别时期的关爱既是出于人道主义的考虑，又可被视作整个社区补防疫短板的一种必要方式。

规划层面还需考虑社区管理与社区教育、社区信息服务等方面的结合，在社区的层面做好社区无感染者时的有力防控，有感染者时积极高效地处理问题。根据社区布局的区别，进行差异化和有针对性的科学、人性化管理。

综上所述：强化社区防疫的一方面是空间上强化卫生隔离，阻断传染病的传播途径；另一方面是强化社区供应和服务，使人们在疫情期间有效得到基本保障和人性化的服务。许多公共交通和发热门诊以及真正的医疗机构设置需依托城市公共防疫系统和支撑系统完善（如图1所示），本书只涉及社区相关层级的防疫体系研究。

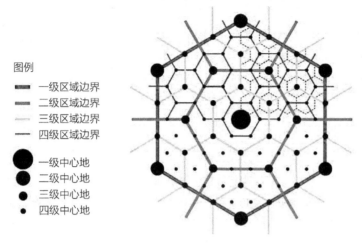

图例

一级区域边界
二级区域边界
三级区域边界
四级区域边界

一级中心地
二级中心地
三级中心地
四级中心地

图1 防疫规划体系示意 不同级别的单元、不同的隔离体系与不同的配套支撑服务

根据克里斯泰勒的中心地理论，城市依托中心点以六边形这种最易拼贴且接近圆的方式形成不同级别明确的边界和中心服务或控制点，有些不同层次和系统间相互嵌套。此处中心可被替代为医疗机构或服务网点，但现实生活中往往道路网格是四方形的。

3.1 防控单元与卫生间距

在优化社区规模制定合理的防控单元方面，不同类型、不同状况的居住区可能有不同的适宜防控的规模单元。一些较高级的高层建筑底部通过地下室和地下车库相通，本身楼宇又较多，住户共用一部或两部电梯，在防疫期间需考虑科学的隔离。过去建设了一些较大的居住区，人口数量过多，从一个出入口出入可能过于不便，因此可适度考虑对大型社区的分片管理，在疫情期间有效控制、管理、监控有效的人口，适度管控居民出入口数量，减少因人流聚集引起的交叉感染的几率。

新的《城市居住区规划设计标准》GB 50180-2018建议将居住街坊作为最小的邻里单元,将居住人口规模设定在1000~3000人(约300~1000套住宅,用地面积2~4hm²)。但是仍有很多较早建设的大型社区,基本规模动辄为200亩左右,登记的居民人数甚至超过1万,如北京的回龙观和天通苑等一些小区,因此需要对此进行多入口的分区管理。笔者看来,居住区的出入口设置,使疫情期间人员在此不产生聚集即可,有些时候可考虑外地归来办证的过程速度较慢,单独设置服务窗口或临时加派人手管理也能奏效。并且在步行和机动车系统都需要仔细考虑,尤其在以地下停车为主的小区需要提示和建议居民出入地下车库时增强防护意识。

在防控单元内部的建筑群体布局方面,需根据不同的住区形态,以家庭为单位做好次一级的防控隔离。关于居住区建筑形态方面,目前我国新建居住区以多层和高层集合住宅为主,一些较高级豪华的居住区中可见独栋、双拼和叠拼的别墅式产品,也有一些院落式的别墅和叠拼产品。当然,一些较为传统的老旧居住区则有合院和杂院等形式。尽管住宅品质和类型不同,但各自有其在疫情防控方面的短板,需要在不同的方面上进行关注(图2)。

(a)北京旧城区的常见院落

(b)当代塔式和板式高层住宅

(c)别墅与叠拼住宅组合小区

(d)巴塞罗那街区式集合住宅

图2 不同类型的居住区

根据建筑消防间距规定:多层楼宇之间的间距大于6m,高层多层间距大于9m,高层住宅之间大于13m。住栋之间的卫生间距方面,目前大多数北方的板式集合住宅因考虑日照间距问题均大于20m,远远高于一般的疫情时的安全间距要求。但是一些L形和合院型的住宅楼需考虑邻居住户窗户之间的气流影响。南方的一些楼宇间距较近或采用天井或平面凹槽为次要房间如厨房、卫生间采光时,也需注意防患邻近套型之间窜风可能导致的感染。其中有些部分涉及一栋楼宇不同的住户之间的通风隔离,会在建筑布局的篇章进行详细分析。

西方的一些城市中心区如伦敦、巴黎、巴塞罗那等城市很多采用街区式的集合住宅形式,本来经过一定的处理在日照和采光方面都得到较好的效果,成为大城市人居型城市几何住宅的典范。但是其天井式的布局和建筑围合街区所构成的部分房间的窗间距过小,可能是导致其疫情蔓延的部分原因之一(图3)。因此需注意转角和天井处的窜风和倒灌风的问题。相反,板式的行列式住宅尽管在围合街区等方面效果不佳,但住栋之间户与户的间距较大,对于传染病的疫情防护方面倒有一定的优势。相对而言,有些看似高档的院落低密度社区,由于建筑群体布置时也有紧凑的要求,因此一些次要用房的窗间距较近,在防疫防灾的体系上也同样会呈现出短板。

对此,可考虑在规划社区和群体布局时尽量对户与户之间的窗间距加以控制。但对一些已经形成格局的居住建筑,则需尽量将相互邻近的窗户密封关闭,减少因窜风导致的交叉感染。此外,需根据城市风环境和风玫瑰图,考虑城市主导风向与建筑群体的关系,使建筑主立面与主导风向垂直,利用风环境形成好的室内通风条件,同时减少相邻户型之间的空气互窜现象。

对于防控单元中人流比较容易聚集和集中的场所,应积极做好隔离防护的提示和消毒措施。如无通风条件的地下车库、密闭的电梯间和楼梯等处,提示居民增强防护,如戴口罩,并增加一定的消毒设施即时消毒。

图3 巴塞罗那许多大进深集合住宅建筑都有用于采光通风的天井

有墙体的封闭小区及小区的绿化防护带可作为居住区较好的隔离手段，我国的封闭小区比较容易集中管理，在这次新冠疫情期间我国各个城市尽管居住密度远高于西方，但数次都能将疫情很快地控制与此不无关系。能够管控隔离的封闭的社区可以更集中地管理，并且可以更有效地进行居民状况的登记采录，在公共事务管理上的优势较为显著。

3.2 基本生活服务配套

从规划角度思考，居住防疫要考虑与疾病在相持阶段做一定较长时间的抗争，为躲避一次瘟疫的爆发或减少医疗资源的消耗和为研制疫苗实现更有效的

抗疫效果争取时间。因此需要在抗疫过程保证居民起码的生活物资供应和服务，如粮食、菜果、个人防护用品、基本药品等，基本的信息服务和健身场所等。相关配套服务设施的规划要求，在《城市居住区规划设计标准》GB 50180-2018中已有规定，参照执行即可。同时为了防止因疫情影响引发的次生灾害，如物资短缺造成抢购甚至哄抢，因囤积酒精引发火灾和因消毒水中毒等状况，也需要社区对此进行相应的防护预案处理。

从居住区级别，平时需满足如下图所述的5、10、15分钟生活圈的配套服务要求（图4）。满足除居住功能外的休憩活动和基础教育、生活服务等要求。不仅需要建设居住区级的中心公园、地区性体育场馆，也要有满足家庭就地进行基础教育的中、小学和幼儿园，还要有相应的购物中心和居委会等，有时还会配有地区性图书馆和活动中心。许多公园本身同时也是城市规划防震减

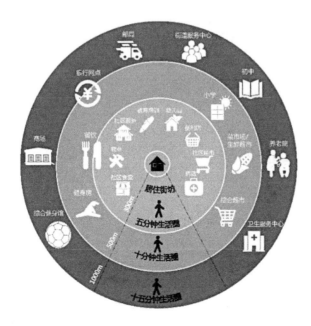

图4 居住区生活圈生活配套设施

灾体系的重要组成部分，在疫情发生期间也可作为特殊的缓冲安置区域。而相应的中小学、幼儿园和其他一些建筑设施因疫情发生期间停用，也可适度收拾为相应的临时应急服务体系提供空间。整个社区形成居住、交通、服务、管理综合配套，完善丰富的城市系统（图5）。

吃、穿、住、行方面，既需要在疫情发生期间，需强化社区本身的物资和社区服务保障，也需要在提供这些保障的过程中注意阻断传播途径和即时筛查被感染的社区居民，防止其成为新的感染源后再传染本地易感人群，造成疫情大面积扩散。

如今网络和物流的快速发展使得人们生活基础设施的解决可以有进一步保障。社区粮店、无人药店、中小型超市、菜市场、无人便利店、理发店等生活必须配套对接城市物流网络在社区内部有相应的配置以确保供应和基础的服务。也可利用网络资源满足一些更加多样化、个性化的服务。

居民疫情期间外出购物和网购等均受到一定的影响，疫情严重时非小区居住人员不得出入小区，但是小区居民仍需出外购置生活必需品和消毒防护用具。可考虑小区内部设置便民商店，为无法开车或行走较远路途的居民提供新鲜蔬菜水果和蛋肉类的商品，需有一定的冷链类物资存储能力。考虑部分家庭老人或残疾人的状况，可根据具体情况以社区为单位代购送货。适度考虑社区内部经营网点的室外场所利用，在疫情严重期间允许室内商铺在室外摆摊经营，减少封闭环境形成的空气传播。

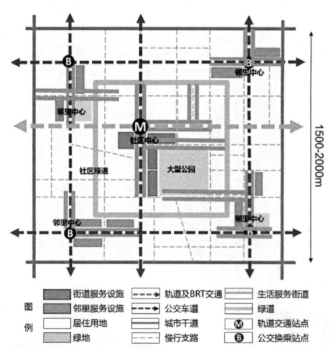

图例
- 街道服务设施
- 邻里服务设施
- 居住用地
- 绿地
- 轨道及BRT交通
- 公交车道
- 城市干道
- 慢行支路
- 生活服务街道
- 绿道
- Ⓜ 轨道交通站点
- Ⓑ 公交换乘站点

图5 不同级别的社区服务中心

当严重疫情爆发期，市场化的物资供应系统可能短期瘫痪，造成民众恐慌和抢购等问题，城市可将基本物资供应的设施如菜市场、粮店、药店、部分便利店等登记入册，制定应急预案，形成紧急供应网络，在疫情期间主导供应。

除了食品外，一些药品和较高档次的生活用品无法在社区内部解决，需要考虑部分无车的居民的出行，建议3万~5万人的居住区级设置购物中心，集中解决一些日常医药、卫生用品和防护用品以及和海鲜、熟食品的购物需求，并与购置水电、自动提款机等设施结合。理论上，这些大型购物中心距离居住区的出入口不宜超过3km。

对于可以出行的健康家庭成员，做好相应的防护即可出入小区，但有相应的残疾人或老年人家庭需社区组织服务，辅助其进行一些物品的采购。对于一些纯老年住户和有残疾人的家庭，也需要特别提供上门服务的措施。可考虑在社区内或几个社区内常设老年人服务中心等设施，对这些特殊居民进行定点的照顾。

除了吃穿等日常的生活之外，房屋的正常维护是人们使用房屋的基础，但房屋本身如果较为老旧，也会经常出现上下水、电力、电信、燃气供应等设备问题，影响居民正常生活，因此需要物业可对此即时进行维修。并且维修过程需全程考虑防疫安全，为住户和维修人员都提供相应的卫生保证。

此外，由于社区居家隔离过程可能碰到老年居民突然发病或就医用药，家中水电或其他问题等，则需要社区做好相关预案，配备相应的物业人员入户服务的准备，并储备相应的救急应急物资。或者为居民提供快速处理相关事务的联系和咨询方式。考虑疫情发生时各大医院为风险较高的地区，因此社区本身的公共设施如会所、老人活动中心、三点半课堂、健康小屋等采取部分隔离的技术措施，必要时可以作为疫病流行期临时隔离设施，作为城市应急医疗体系的补充，便于轻症、无症状感染者中转过程就近集中管理。上述社区公共设施的设计应流线简洁，最好设置在地面层，避免与正常流线交叉，并通风良好，可设置独立排污系统，便于物资供应和管理。建议由城市防灾规划统筹，制定统一标准，并纳入城市防疫网络规划。

一些应急的医疗和紧急救助和防控体系需依靠城市整体的服务进行完善，但相关的配套设施设置的准则可对照《城市居住区规划设计标准》GB 50180-2018中所述15、10、5分钟和街坊内部的规划要求进行比对，并根据该规定做好防控。其中最需要强化在"最后一公里生活圈"内拥有完善和多样化生活配套设施的社区，对于防控疫情传播和在封闭期间满足居民新鲜肉菜和日用品等采购需求、提升日常生活品质和居住体验等非常重要，也会成为不同小区住宅品质的核心竞争力。同时完善社区公共卫生防疫生活网络，提升社区医疗卫生服务配置，如增设小区"健康小屋"、无接触自助医疗设备等；在物流方面，应考虑几个小区协调，共同灵活增设日常物资仓储、配送设施存放等预留发展空间，满足特殊时期紧急应变能力。针对新建小区，应根据居住分级配置要求，规划超市、菜市场、便利店、社区医疗和药店等居住生活配套设施，并且对理发等社区服务功能进行完备的防疫管理，使其既满足社区服务要求又有效阻断疾病传播，形成社区居住用地、道路、绿地与不同级别的服务中心共同组成的城市结构（图6）。

值得注意的是，无论是武汉首次发现新冠病毒的爆发地，还是北京6月份再次出现疫情，都与肉菜市场有关，大型肉菜批发市场因各种生鲜食材和交易人群过于集中，高密度流动，风险很大，社区菜市场除规模小一些以外，也一样存在这些问题：通风不畅，排水设施标准低，不同品种、不同摊位之间边界模糊等，也正是因其规模小，档次低，投资和建设收益低，因此常被忽略，亟需

对这一社区基础配套建筑进行专门的防疫标准研究。

参照2009年商务部《农贸市场管理技术规范》GB/T 21720-2008和浙江省《社区农贸市场设置与管理技术规范》DB11/T 309-2005对建筑的层高、通风采光、疏散、面积、装修等做了基本规定，对品类区域划分提出要求，特别是对活禽经营区以及经营早点、快餐的摊位等要求相对独立，与其他经营区隔开，对给排水设施做了技术要求。更对货品进货入场检验、废弃物无害化处理等给出指导办法。另外，食品安全国家标准：《食品生产通用卫生规范》GB 14881-2013，代替1994版：强调了对原料、加工、产品贮存和运输等食品生产全过程的食品安全控制要求，并制定了控制生物、化学、物理污染的主要措

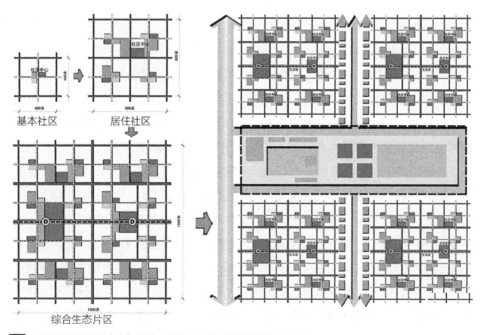

图6 不同级别的服务中心与居住、道路、绿地共同组成的城市结构

施，修改了生产设备有关内容，从防止生物、化学、物理污染的角度对生产设备布局、材质和设计提出了要求。作为附录提供了"食品加工过程的微生物监控程序指南"，给出了制定食品加工过程环境微生物监控程序时应当考虑的要点，而监控的微生物种类主要为菌落总数大肠菌群等。这些规范对社区肉菜市场的建设具有参考作用，建筑行业应尽快进一步完善相关的规范，切实提升该建筑类型的防疫卫生安全水平。随着监测技术的发展，也相信能够在肉菜市场的微生物污染预警中发挥重要作用。

另外，常规的住宅底层商业网点的设计建造也不受重视，往往单面门脸，单侧开门开窗，无法形成有效通风，大量商户自行改造的上下水、排油烟等设备不规范，存在卫生隐患。建议在建设期加强审查和验收，在运营期卫生防疫部门也监督检查到位。

为使便民措施不致人流过于集聚，便民购物设施无需过大过于丰富，也可有效防患鼠类、食腐鸟类（乌鸦、喜鹊、麻雀）和有害昆虫等被菜场垃圾吸引，垃圾需及时有效清理。对此居民和负责垃圾清运的人员都应做好防护。一些发达国家的垃圾收集体系用户体验设计较好，将主体设于地下，转运时依靠特别的设施提升至地面装车，或利用地下真空管道运输。不仅减少了垃圾对周边环境的风与空气的污染，还有效节约了地面空间，应在可能的条件下尽量考虑。

（a）荷兰代尔夫特的垃圾投放口，地面是投放口，地面黑色部下面为储存箱

（b）瑞典斯德哥尔摩王家海港用个人射频识别标签打开投放口

图7 国外的垃圾投放口

3.3 社区公共空间配置

疫情之下隔离不应只是居家隔离，户外保持距离的活动也是安全的。而且居民相应的户外运动也必不可少，尤其是家中有婴幼儿和儿童的家庭，应考虑日照对孩子发育的影响适度参加户外的运动。成年人和老人也需要每天适度户外活动以增强体质。社区需提供充足的场地供人活动，在大型城市公园之外，应充分利

用自然河岸、绿化隔离带、街角公园等空间，形成丰富多样的活动空间。按照《城市居住区规划设计标准》GB 50180-2018规定：居住区街坊内集中绿地的建设，新区建设不应低于0.5m²/人，旧区改建不应低于0.35m²/人；宽度不应小于8m；在标准的建筑日照阴影线范围之外的绿地面积不应少于1/3，其中应设置老年人、儿童活动场地。

但根据疫情防控期间社区居民较多的状况分析，社区的人均活动场地需满足0.3m²，场地设计中，除了绿化率外，需考虑有硬质铺装的硬地供居民步行和活动，面积不宜小于人均0.15m²，步行通道、跑步道宜宽2.4m以上，跑道可采用环形或直线，且需设置保证儿童游艺场地和康体服务设施的场地（图8）。

部分社区配套的室内外活动场地要求及其服务半径　　　　　　　　表1

设施名称	单项规模		服务内容	设置要求
	建筑面积（m²）	用地面积（m²）		
社区服务站	600～1000	500～800	社区服务站含社区服务大厅、警务室、社区居委会办公室、居民活动用房，活动室、阅览室、残疾人康复室	（1）服务半径不宜大于300m；（2）建筑面积不得低于600m²
社区食堂	—	—	为社区居民尤其是老年人提供助餐服务	宜结合社区服务站、文化活动站等设置
文化活动站	250～1200	—	书报阅览、书画、文娱、健身、音乐欣赏、茶座等，可供青少年和老年人活动的场所	（1）宜结合或靠近公共绿地设置；（2）服务半径不宜大于500m
小型多功能运动（球类）场地	—	770～1310	小型多功能运动场地或同等规模的球类场地	（1）服务半径不宜大于300m；（2）用地面积不宜小于800m²；（3）宜配置半场篮球场1个、门球场地1个、乒乓球场地2个；（4）门球活动场地应提供休憩服务和安全防护措施
室外综合健身场地(含老年户外活动场地)	—	150～750	健身场所，含广场舞场地	（1）服务半径不宜大于300m；（2）用地面积不宜小于150m²；（3）老年人户外活动场地应设置休憩设施，附近宜设置公共厕所；（4）广场舞等活动场地的设置应避免噪声扰民

图8 硬地系统与老人和儿童活动场地的设置

此外，考虑人群聚集的因素，较大的街区可分散设置活动场地以避免人流聚集形成交叉感染。在儿童游乐场地周边设置大人或老人休息的座椅，疫情期间不宜设置挖土挖沙等项目，可考虑在小区内设置共享儿童自行车和卡丁车等服务，但需积极做好玩具消毒措施。

尽管目前一些疫情未发现宠物传播的状况，但也应适度考虑对于宠物的特殊管理，设置宠物管理站，防范宠物和人之间的相互感染带来的传播。同时向宠物的主人下发相关的人畜防疫须知。在许多建筑较低矮的社区，有时甚至是别墅区，注意切断因流浪猫狗和啮齿动物流窜引发的传播。

社区道路应对自行车和步行交通更加友好。在城市交通，平时鼓励公交出行，在疫情传播期间则可能会转换为更多私家车、自行车和步行交通出行为主的状况。居住区内的道路设计本应为自行车和步行提供舒适的空间，在路板设计上保证贯通连续，不被占用。疫情期间小汽车通勤密度也会增加，因此需考虑对道路断面的灵活管理，以适应疫情期间交通的需要。另外，城市公共交通也会在疫情期间做出快速的调整，尽最大可能保障市民疫情期间的安全公交出行，相关的措施由公交集团进行严格的执行，在此不赘述。

3.4 小气候环境营造

3.4.1 风环境

鉴于目前新冠疫情最难防范的是通过气凝胶和飞沫传播的呼吸道传染病，因此在建筑群体布置和社区规划中需注意风环境的营造和局部空气污染的消散。依据建筑风环境的优化方法，进行合理的建筑布局、楼型轮廓和防控间距设计。

在建筑防火的因素中已经考虑了阻

断楼栋之间火灾传播的问题，尚未考虑呼吸类传染病的防控要求。对于高密度的住宅区，应考虑在一些状况下避免不同楼宇间或楼宇中不同户间的污染物空气传播。良好的自然通风是稀释、去除病毒浓度的方式，首先需要小区的楼栋摆布能够保持有较为均匀的自然气流组织：规避"峡谷效应""建筑风闸效应"，避免楼栋之间形成窄缝风口，同时避免形成气流的旋涡或死角，让每一栋住宅保有相对均匀的风压差，根据风环境模拟合理布置小区垃圾站等设施，促使污染物扩散不会危及人的健康，通过设置水面改善公共区的热环境。今后风环境模拟应与日照模拟一样作为前期规划考核的重要因素。

特别是流行性呼吸道传染疾病高发的冬季和春季的自然通风，可能与常规风环境模拟中考虑的主导风向不同，有时在规划设计时社区布局时未能考虑全面，应该在使用过程中对距离较近的住户之间的开窗进行测算，防止户与户之间的窜风。一些杂院的院落式布局往往建筑开窗距离较近，甚至一些看似比较考究的别墅和叠拼由于规划设计的经济性考虑也会有户与户之间相距比较近的窗户。在疫情发生过程中根据需要管理开闭。

2003年"非典"期间，香港的淘大花园由于建筑内部和建筑群体布局的设计中未能考虑切断传播途径导致了传染病的扩散。后来经相关学者仔细分析其风环境找出了其群体布局在防疫上的薄弱环节。在香港中文大学邹经宇教授在其提交给港府卫生局的研究报告中，使用计算流体力学CFD，通过气流模拟的方法，探讨了在重灾区香港淘大花园高密度社区，风通过相邻楼座形成风闸效应。导致上风的户内空气排除室外后又串入邻家室内，使交叉感染几率增大，如图9所示箭头指示标红部位，形成阻力较大的"气墙"效应，导致相邻楼宇间的空气污染。

在另一些情况下，西方国家的中心城有大量的街区式布置的公寓和集合住宅，在许多情况下，一些有转角的住宅容易产生不同户型之间窜风的现象，这就使得某些开窗的通风与防疫要求产生矛盾。需要尽可能在布局过程使通风要求较高的居室和卧室的开窗相互远离，而将对通风换气要求不太高容易关窗密闭的房屋的窗户之间靠近，并在疫情期间提示住户关闭和密封容易窜气的窗户。另外在东西方的一些国家都有一些情况下利用天井通风采光的设计，需要特别防止在一些情况下风向变化导致各个户之间的窜风窜气现象。

为了减缓城市热岛效应，促进城市与周边自然系统的空气流通，许多居住区与居住小区的绿化系统中除中心绿地外与城市主导风向结合规划了带状绿化和城市微风廊道（图9）。如同在城市宏观的生态系统规划中，用楔形绿地和环状绿化带加强城市空气流动和促进自然系统的含氧气和负氧离子量高的空气自然流入城市空间中。在微风廊道的宽度为30~40m左右，与居住区的步行和游憩系统结合，成为促进微气候空气流动和生态系统循环的重要内容。因此在进行居住区级的布局时需认真考虑城市微风廊道和绿地系统与水系统的生态作用及规划完整性因素（图10）。

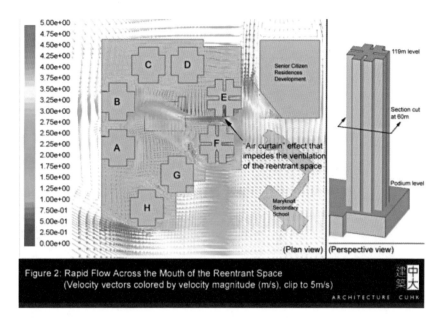

图9 香港淘大花园的建筑间距过密导致串气的模拟仿真示意

图10 翡翠项链式的城市绿化体系兼风廊道

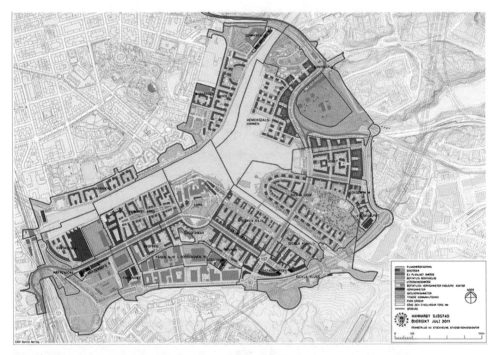

图11 瑞典哈默比新城的水系与绿化体系与社区形成的微环境

3.4.2 光环境

阳光照射可以杀死很多病毒，有效抑制细菌、真菌的滋长，所以住宅设计一直很关注日照条件、充分利用自然光，在我国已经有非常严格的日照规范。这也使得我国北方大部分地区的住宅规划基本上都是"排排坐"，城市形态比较呆板。笔者认为，今后可以进一步优化阳光资源的分配，让日照测算更加透明，让日照时长成为评估每一个楼层、每一个户型的一个性能指标。另外考虑东西向朝向，也有双面都能采光且阳光可以照入更深，配合立面上可动的遮阳棚、电动遮阳帘等手段，主动利用或遮蔽阳光，将这样的光照效果以时段、照射深度、强度等性能指标透明化，供市场选

择，这将使住区规划更加灵活。

我国住宅建筑常采用南北朝向的板式布局，日照间距是重要的考虑因素（如图13所示），但是如有可能，应在日照计算上将室外公共空间及建筑次要立面的日照一同考虑，强化整个社区房屋、室外环境的日照均衡性。有研究表明，一些日照均衡性较强的布局却在风环境上有缺憾，如巴塞罗那的街区围合式住房布局在日照综合均衡方面比国内行列式房间正南北向布局有更大优势。但其内庭院的风环境以及在防止住户之间的房屋窜风方面存在缺陷，这是需要综合直接日照、间接采光和通风等多因素综合考虑评价的。

我国的高密度集合住宅多为行列式板式住宅或点状高层塔楼，但反观国外

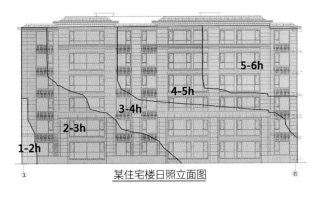

某住宅楼日照立面图

图12 某住宅立面日照分析大寒日每窗享受日照时长

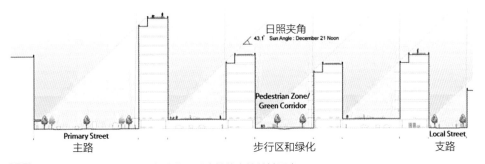

图13 日照是制约我国通常采用的南北通透式的住宅的关键因素

的高密度住宅区有以巴塞罗那为代表的街区式围合住宅，楼层数更低却容积率更高。在一些中低密度住宅中也有相应的叠拼、联排住宅、独栋别墅建筑等，另外，我国还有相当的合院式和其他形式的低层民居。国内大多将日照和通风作为实现健康居住的基础物理环境标准，但许多西方发达国家的集合住宅设计中对日照和通风并不强求，主要是依赖高级的设备设施的应用，并且更关注公共空间的无障碍交通系统，这赋予了建筑布局的更大自由度（图14、图15）。我国居住建筑的户内日照标准多为大寒日或冬至日2小时，目前在大多数的情况下得到了比较严格的执行，体现了社会主义的居住形态，从日照标准看比许多

西方国家的居住建筑要求高。尽管许多专家认为这种较高的标准限制了居住建筑的布局，但从防疫角度看却较为安全。

但正方向的建筑布局也同时造成一些东西向街道和处于建筑北侧的区域长期处于阴影之中的状况，而与南北方向呈现45°交角可以在房间和街道的日照中取得较好的平衡，也可以让西北和东北的次要日照立面获得半小时以上的日照，与在我国比较强调房屋南北朝向的状况日照对比，如图16所示，在建筑的进深按照我国更高标准而调整得更薄时，这种社区的容积率和与街道关系更为均衡，且道路微循环优于那些纯南北布局的建筑。笔者认为公共空间的日照品质应逐步被更加注重，让街道、公共花园、公共活动场

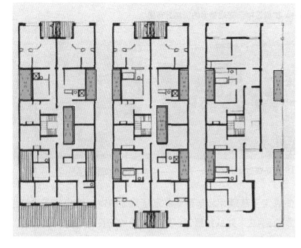

图14 巴塞罗那许多住宅进深较大，通过中间天井内外两面获取日照的建筑布局

图15 两面采光的巴黎某集合住宅项目，日照标准与国内差别很大

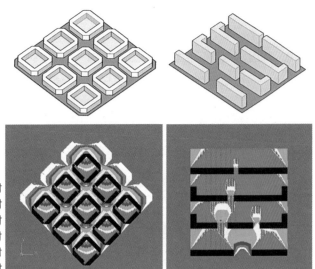

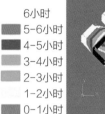
图16 巴塞罗那街区式集合住宅和我国北京天通中苑的板式集合住宅日照对比

6小时
5-6小时
4-5小时
3-4小时
2-3小时
1-2小时
0-1小时

地也能保证较为充足的日照。促进平时的户外活动,增强居民的免疫力。

3.4.3 热环境

相比通风和照明,采暖和空调制冷的能耗是建筑耗能的主要部分。而建筑所处的不同气候带的大环境和其所在城市、所在社区的小环境也影响着建筑的能源消耗。单纯的热环境与细菌和病毒的消灭和滋生关系不大,但往往中央空调等设施的使用会成为致病污染物滋生的温床或扩散的渠道,因此对于此部分的探讨往往会结合与设备和其他方面对于空气环境的影响进行整体分析。

许多绿色建筑在节能保温和热舒适性方面做了各种努力,结合环境特点因势利导地创造更好的室内外热舒适环境。例如山东交通学院图书馆设计结合场地原有的池塘,将吹过水面的凉爽风通过特别设计的风道系统引入建筑内部,增设采光生态中庭和南侧热过渡边庭,而西向立面采用遮阳网格墙等方式,使建筑在缩短空调使用时长并降低空调峰值负荷方面取得明显的效果。居住区级的城市聚居体系也同样可以借鉴和大胆使用这些手法,例如瑞典建筑师拉夫·厄斯金(Ralph Erskine)的居住区作品贝克墙(Byker Wall),这一处于在严寒地带的住宅区,在北侧规划了连绵的公寓大楼围合出了一个温暖的居住区,增加了人们在户外享受阳光的时间。我国古代的风水观念择"山南水北"而居就体现了这样朴素的道理,合理地利用绿化和水系的作用降低城市热岛效应,而过多的硬质铺装会明显提升地表温度。楼栋布局与景观设计与城市微风廊道结合,积极调节城市微气候,可以减少居民对空调的依赖。

杭州中冶锦绣公馆项目通过乔灌木

复合绿化的设计，并在裙房部分做了屋顶绿化，不仅提升了小区内整体的生活环境，并且降低了项目场地内热岛效应的影响。通过热环境模拟分析（图19），本项目场地内初始温度为30.3℃，平均最高温度为31.5℃，整体热岛强度较低，能够有效的防止污染物的堆积，营造健康的室内外生活环境。

舒适季节通风示意

寒冷季节通风示意

图17　山东交通学院图书馆设计结合环境创造舒适热环境

图18　贝克墙住宅区在北侧连绵的公寓大楼围合出一个温暖的社区

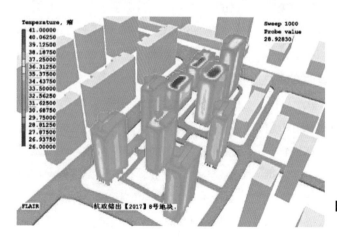

图19　杭州中冶锦绣公馆室外热环境模拟分析图

3.5 应急物资储备

尽管规划布局本身探讨的是长期固定的建筑及城市布局，但仍应适当预留弹性空间，可根据不同的状况进行相应的临时性调整，以适应某些过去的规划布局中对于防疫问题考虑不足的短板。并且伴随着疫情常态化发生的可能性，在相关方面可通过微更新和微改造逐步优化，减少因建筑和规划布局问题而引发的疫情传播问题。

与疫情期间家庭、社区和城市基础设施可能年久失修出现问题同样，在疫情期间，地震、水灾和其他的自然灾难同样可能发生，我国南方许多地区2020年7月疫情刚刚得到控制之际就经历了洪水的侵袭。因此，未雨绸缪防止因防疫产生次生灾害和其他自然灾害引起疫情防御系统崩溃，社区需适当进行相应的防灾物资的储备，并设置相应的医疗与应急响应体系。

按照2020年2月24日国务院应对新型冠状病毒肺炎疫情联防联控机制《关于依法科学精准做好新冠肺炎疫情防控工作的通知》，要求各地需要根据当地新冠肺炎疫情情况进行风险分级和分类防控：无确诊病例或连续14天无新增确诊病例为低风险地区；14天内有新增确诊病例，累计确诊病例不超过50例，或累计确诊病例超过50例，14天内未发生聚集性疫情为中风险地区；累计病例超过50例，14天内有聚集性疫情发生为高风险地区。

从小区层面，发生确诊病情的小区被认为是高风险小区，需"内防扩散、外防输出、严格管控"的策略，高风险发生时，需要及时注意增大防控力度，小区内部需根据疫情发展情况进行科学管理。对于处于高风险地区或疫情流行较为猖獗的情况，由于许多城市医疗资源需用于患者的治疗，因此社区应积极进行一些相应医疗和其他物资的储备，如临时性隔离物资，消毒物资和消毒工具，便携空气清洁和过滤系统等；防止因医疗资源不足和医疗挤兑的情况下社区功能的失调。不同社区间还可实施互助，以缓解城市医疗资源不足的压力。

笔者认为，充气帐篷等物资在紧急防疫期间会对出现疫情的社区的隔离和中转起到非常有益的作用，必要情况下也可成为支持城市"方舱"的物资，希望各个社区予以考虑，进行一定数量的储备（图20）。意大利在新冠疫情期间就采用了类似充气结构建筑作为临时医院。由于结构气密、保温较好并能够迅速移动，增加部分消毒设施还能一定程

图20 2020年3月期间意大利采用充气建筑搭建的临时病房

度上保证其空间的清洁性。建议社区服务中予以考虑，平时也可租赁或放置在社区草坪上收取一定的费用，强化其平战结合的作用。而一些可快速安装和便携的清洁新风系统，可用于小区内发生疫情时临时性的户间隔离和密接人员防护。但需要对建筑本身适度改造来完成，笔者曾发现许多民间的简易改造方式也值得借鉴。

根据北京和武汉两市疫情的经验，对于发生疫情的小区进行封闭管理有效地阻断了疫情的传播。一旦社区有疫情出现，既需要迅速封闭社区防止疫情向其他地区扩散，又需要迅速排查和安顿与出现疫情的家庭有比较密切联系的居民。尤其当城市医疗资源紧张时，一些疑似和轻症患者只能居家观察和治疗时，对于相关的邻居的消毒防疫和忧虑

心理的治疗需同步进行。因此一些必要的储备物资如充气帐篷、隔离护网、消毒灭菌装置或者正压新风过滤装置等应由社区适度储备以在紧要关头使用。

对于发生疫情的住户，不仅需要房屋的消杀还需要适度增加与隔壁或上下层的密封隔离。充气帐篷因其密封不透气，且能独立支撑空间，主要可以应对发生疫情的房屋与其他房屋密闭性不足时附近家庭的应急使用，帐篷的进出气流需经过过滤或灭菌处理，有效减少帐篷内部病毒载量，增加发生疫情的房屋周边居民的安全感。一些正压新风的过滤设备也可强化控制洁净气流从居室流向其他的房屋而不是反向流动，减少负压引起的污染气流进入。许多类似的设施并非通常的住户都有，因此社区需适度储备以防患于未然。

图21 出租司机自行改装的隔离系统

第**4**章

小区公共空间防疫

住宅小区用地的容积率与建筑密度等指标限定了小区内居民人均户外公共空间的多寡，这对于日常生活的健康舒适很重要，却往往被普通居民所忽略。日常生活，人们经常需要到户外去，亲近自然，与邻里交往，孩子们需要在一起，相互学习成长，老人们要晒太阳。在高容积率的住宅小区，我们看到傍晚时分，在小区散步的人很多，甚至感到拥挤，并与各种车辆、与宠物的混杂，难以找到相对安静，不受干扰的休憩空间。这对于传染病暴发期间人间传播也带来更高的风险。所以在规划控制上，我们还有人均绿地面积、中心花园面积等指标可以评估小区的环境的基本参数。难过的是，随着地价的上涨，拆迁难度的增加，城市更新往往是要以提升容积率才能实现经济上的平衡。在我国的大城市，很多住宅区用地都是较高的容积率条件，规划设计应在给定的容积率条件下，尽量减低建筑密度，提供更多的户外场地，使户外场地拥有领域感、更加实用、安全卫生，并且开发地下空间、底层架空、露台空间、屋顶花园，特别是利用好底商、会所等屋面，形成立体绿化，改善小区整体环境。

在争取较为宽松的公共空间基础上，要将空间形成层层递进的秩序同时组织好各种交通，才能形成不同功能的场所，减少交叉干扰，越来越频繁的物流，以及垃圾的排放处理。除了地面上各种流线，地下空间还交织着各种小市政管网，这些隐蔽工程更容易被忽视，施工和维护不到位容易成为病原体滋生场所或传播渠道。下面从防疫相关的几个重点方面详细介绍。

4.1 组团分区与动线规划

从社区到住宅小区到组团到住宅建筑单元，越是层次清晰，对疫情防控就越有利，在这个空间规模序列中，组团并没有明显的界限，但我们在规划时稍加留意就能创造出来，为疫情严重时更细地组织防控单元、管制流线提供有利条件。人车分流是我国家庭小汽车刚开始普及时，规划设计就提出的一个基本理念，那时，受经济条件和建设水平的限制，以及不曾预料家用小汽车如此快的普及速度，大部分住宅小区还没有建设专门的地下车库，所有停车都在地面解决，这种情况下居住小区的规划也可以相对较好地解决人车分流的问题，图4-1是一种理想的小区组团布置与流线组织的设计，车行交通与停车在外围，步行环境在小区内部，形成鱼骨式交通架构，也自然形成了6个主要的组团，这种鱼骨式与应急的传染病院的空间结构何其相似，可见是一种有效的防控划分方式，在平日，组团内的楼间绿地是邻里交往相识的场所，假设当其中一个组

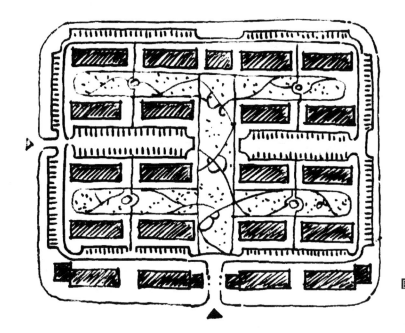

图1　一种地面停车的住宅小区人车分流规划图

团有人不幸感染，该组团可以从楼栋到组团单独作为多级防控单元，可以有相对独立的交通，使其他组团不受干扰。

　　现在，地下车库已是常规配置，很多城市都规定了90%车停于地下，这样就有了更多空间以分层布置实现人车分流。这样看来，住宅小区的动线规划相对更为简单，所以设计往往更多关注业主归家的礼仪性，而忽略功能性动线的合理组织，但从防疫角度，这些流线的细节就很重要。住宅小区的交通动线可分为人行动线、车行动线、物流（快递、搬家等）动线、垃圾动线等，还有地上与地下之分。规划设计应该进行专门的梳理，使之有序组织，时空不交叉。考虑平疫结合，可以参考传染病医院的"三区两通道"原理，对小区的动线进行等级划分。居民住宅这部分视为清洁区，公共场所是缓冲区，小区大门

视为污染区，在小区大门进行筛查和消毒处理。两通道一个是小区正常出入通道，一个是紧急通道，紧急通道可以用于从危险地区返回人员通行，比如结合地下人防通道（见4.4小节），设有更为严格的检查和洗消。一旦出现疫情，住户、楼层、单元、楼宇、组团等不同层级空间皆可各自为防，不会陷入慌乱。

4.1.1　人、车动线

　　对很多种传染病，隔离是最重要的防控手段，封闭小区作为隔离的基本单元，管好入口和组织好内部动线十分重要。

　　合理设置出入口，要在方便住户平时出行基础上，减少门岗管理成本，出入口不宜多，保障高效通行。在疫情期间，根据防控需要，往往只保留一个主要入口。小区大门无疑是住宅小区有识

别性的标志物，体现小区的品位、档次，往往都做得很豪华，注重形式感之外，作为重要的防控关口，设计要确保其安全、高效地筛查和通行。主要入口宜兼顾人行与车行，使其既不交叉，有安全边界，又能都在管控视野和视频监控的范围内。借助智能科技手段，可以实现减少人工排查工作的人员接触以及实现无接触的通行（另见6.1智能安防）。宜设置防控物资存放和分发的空间，大门内外留有一定的缓冲空间，宜设置消毒和洗手的功能空间，洗手可结合平时的大门水景功能，并循环过滤、消毒。

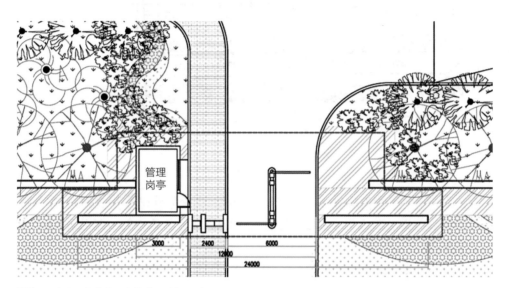

图2 一种人、车集约通行的小区大门设计

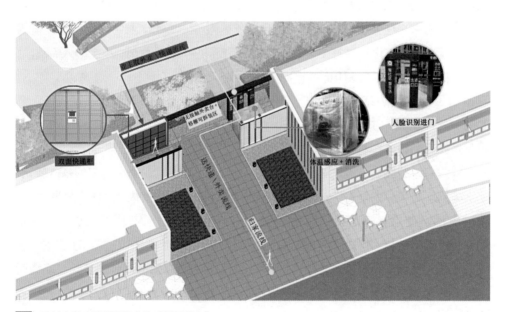

图3 融创中国疫情期间推出的"超级前台"

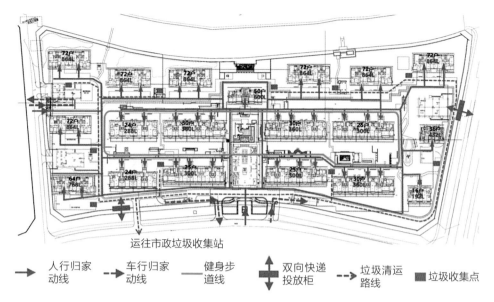

运往市政垃圾收集站

→ 人行归家动线 → 车行归家动线 ── 健身步道线 ↕ 双向快递投放柜 ⇢ 垃圾清运路线 ■ 垃圾收集点

图4 某小区地面流线设计

　　当小区内出现疫情，可临时开启应急通道，与正常通道分开。小区内部用临时警戒线划分组团，做好出入路径的清晰指示，也利于轨迹的跟踪，在流行病学调查方面有所帮助。

　　小区内交通动线规划做到人车分流，使人行有安全的领域，同时垃圾清运也有单独的门和专门规划的路线，减少交叉。住户的步行归家动线和健身跑步道应尽量避开车行、垃圾存放点、污水井盖、化粪池区域。

　　图4为某小区的地面流线设计，业主的汽车通过智能车牌识别道闸直接下到地下车库，平时地面完全不走车，步行进入小区后分成左右两翼，并在核心景观地带形成完全不受干扰的环形健身跑步道。集约设置垃圾收集点，垃圾清运通道设于外围，并在清运时间上尽量错开人行的高峰时段。通过这样的精心组织，可以使该住宅小区的户外活动井

然有序，可以一定程度上减少交叉感染传播的风险。

4.1.2　零接触物流

　　2020年新冠肺炎疫情期间，小区封闭管理，快递物品无法送达住户，少数有快递存放柜的，容量也不足，只能由物业指定小区外场地临时堆放，由业主持小区出入证来认领，这种混乱无序的场面也增大了交叉传染的风险。即使有存放柜，一般位置也不合理，而且也是快递员与住户碰面的场所。

　　未来，线上购物快递到家将是越来越重要的消费方式，是时候把快递流线作为重要的流线来认真考虑了。我们要兼顾快递到家的便利与安防的平衡，对于行动不便者，允许快递员出示健康证、扫健康码等方式，将大件商品送到户。大部分快递应该通过中转柜投

递，应该为住宅小区快递物流专门开辟场地，最好是与其他流线分开独立，避开小区大门，设置双面开门的智能快递柜，快递员在墙外派快递，用户在墙内取快递，或者住户也可以在墙内发快递，方向相反，期间无接触，降低病原从小区外通过快递传递给住户的风险，也可减轻物业管理的负担。我们设想的这款双面快递柜，按尺寸模数分为普通柜、冷藏柜、保温柜和快递包装回收箱，以光伏提供基本能源，并在顶部设有冷藏与保温之间的热交换机以节能，可带有紫外线消毒等功能，扫码无接触开启柜门，物业可提供纸袋或一次性手套，小推车等，并进行定时消杀处理。过去，我们为信件和订阅的报纸杂志在每个单元门口配置邮箱，未来，随着快递物流量的增大，我们有必要在小区围墙处靠近不同楼栋位置分散设置更多的双面快递柜，从而减少住户之间交叉感染的风险。

现在无人配送技术发展很快，未来将在都市中普及，以智能配送机器人代替人工，不但是提升物流效率、降低成本的方式，而且避免了人通过快递活

图5 疫情期间 快递车"扎堆"北京部分小区门口

动传播疾病的风险。新冠肺炎疫情期间，不少快递企业对员工组织了大规模的核酸检测，很有必要，快递员如果是携带者，无疑是比普通人具有更高的传播效率。我们可以预测，配送机器人可能在几年内在城市密集区大规模推广。如京东快递机器人、Starship机器人、Robby机器人等具有行驶远距离和爬坡能力的机器人，可在小区道路上将货物运送到指定位置。苏宁"卧龙一号"无人快递车可以通过避让障碍、乘电梯和叫门等功能，从建筑室外进入室内，将货物直接送到消费者手中。福袋室内配送机器人，具有20m的感知能力，可自由进出电梯和目标楼层，并通过人脸识别和扫描二维码等方式使消费者一键取货。北京理工大学与酷黑科技有限公司联合研制的防疫监测无人配送车在北京理工大学中关村校区投入使用。该无人配送车同时能对进入校园人员进行测温筛查，即使被测人员佩戴口罩，也可以识别其面部信息。与此同时，通过运用"云控"技术，无人配送车可以做到独立配送物资，实现无接触配送。

也许未来，自动驾驶的物流货车与小区内的无人配送车在小区边界的中转站接力是个不错的形式，那时，结合了VR等技术的线上购物基本代替了线下交易。无人配送车与小区内的人行交通的相互干扰是个技术问题，这需要建筑师、规划师、景观设计师积极去配合物流科技的发展，我们需要专门规划无人配送车的动线，甚至是空中悬挂轨道，设置相应的感应设备，使其更容易识

　　　　　　　　　　　　　　　　　　健康住区防疫ABC

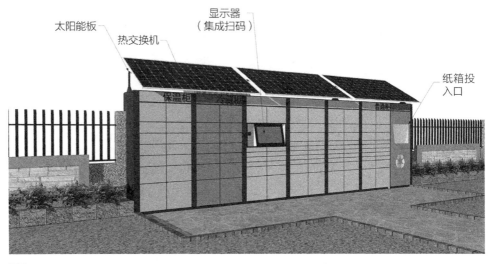

太阳能板　热交换机　显示器（集成扫码）　纸箱投入口　保温柜

图6 多功能双面取送快递柜

图7 防疫监测无人配送车

别，实现更高效、无干扰的配送，我们现在，就可以为这个趋势留有空间弹性。

4.1.3　垃圾分类清运

垃圾分类和快速处理是减少病原滋生传播的重要措施。疫病流行时，当小区中存在隔离观察者甚至患者的情况下，生活垃圾的分类处理成为涉疫垃圾无害化处理的关键，合理分类和安全处置显得至关重要。我国虽然很早就提倡垃圾分类，但垃圾分类是涉及运输处理再利用的系统工程。上海率先实施垃圾分类的严格管理，2020年5月1日起，北京也实施了严格管理。"从我做起，从小事做起"，负责任的开发企业应该尽早主动将社区垃圾清运系统细化，纳入标准，引导旗下项目的垃圾分类习惯。

生活垃圾分类为可回收垃圾、厨余垃圾、其他垃圾和有害垃圾。明确将社区隔离者、流感等病患产生的纸巾、药瓶等生活废弃物归类为有害垃圾，严格要求投入有害物垃圾桶。对此类有害物垃圾桶，应严格做好密封管理，宜选用带有感应自动开启投放口和灭菌功能的垃圾桶，厨余垃圾和有害垃圾桶边应设置洗洒的给排水设施，同时提高垃圾清运处理频率。

垃圾房应设于远离人员密集场所的主要季风的下风向，建议应像消防站一样设有统一的标识，不同垃圾严格分类存放，便于分别运往不同的垃圾处理厂，厨余垃圾站房应设有自动喷雾除臭消毒

A感应投放口关闭	B感应投放口开启

太阳能供电
Solar-powered

垃圾压缩
Trash Compression

垃圾分类
Trash Classification

智能感应投放口
Automatic Trash
Put-in Mouth

除异味
Deodorization

垃圾满溢物联网通知
"Compactor Filled Up"
Network Notice

语音播报
Voice Broadcast

防盗功能
Theft Proof

宣传海报
Advertisement
Poster

防雨水
Water Proof

便捷回收
Convenient Recycle

线路规划
Route Planning

全天候工作
All-weather Service

在线浏览
Online Review

客户端浏览
Phone APP

人员/系统管理
Personnel/System
Management

图8 智能垃圾桶

装置,并设有冲洗设施和洗手池。垃圾转运站宜设在围墙处,市政垃圾车可不进入小区,在围墙外清运。

笔者于2013年考察了著名的可持续发展项目典范——斯德哥尔摩的哈马碧新城,这里介绍下该新城使用的垃圾分类收集管道系统,该系统降低垃圾车和人工的使用量,使整个社区无垃圾外露,环境优美,无异味,并且垃圾被用于回收再利用、焚烧发电等。

经深入了解,该管道垃圾系统的工作流程及原理如下。

(1)小区居民在家中(主要是厨房)自己为垃圾仔细分类,放入不同的带有标识的垃圾袋中。

(2)垃圾袋装满后,投入垃圾投放口。

(3)一旦投放口满了,或到了系统预设的时间,位于垃圾收集站的强力抽风机就会被Envac控制平台激活,产生负压气流从投放口吸取垃圾包,把它们转移到垃圾站的大型垃圾箱中,每个垃圾箱对应一个垃圾流。垃圾以高达70km/h的速度从地下管网传送,所以每一个收集周期仅需几分钟。抽风机的

图9 Envac垃圾收集地下管道系统示意图

图10 哈马碧新城隐蔽位置的垃圾投放口

强度能使每个投放口被安装在距离垃圾站长达2km的位置，这意味着每个垃圾站有2km服务半径，在此范围内需要多少就能安装多少投放口。尽管投放口可以根据需要布置很多，以收集多个不同的垃圾流，把垃圾从投放口转运到垃圾站的地下主管道却只有一个，这是通过一个位于垃圾站的转换阀实现的。

（4）当一个垃圾收集流完成后，系统脱开，转换阀使运输管道中的垃圾连接至正确的垃圾箱放下，可以开始下一个垃圾收集流。

（5）垃圾站一般建在项目的边缘，这样垃圾车不需要进入场地内。垃圾到达垃圾站后，数百个垃圾包在被投入一个大垃圾箱之前，进入一个气旋分离器中去除运输这些垃圾包的空气。一旦大垃圾箱被装满，一辆标准的垃圾收运车开来把这个垃圾箱抬升到车上，运走处理。这种简单的收集方式，相比于需要多个垃圾车队和多重步骤的收集方式，降低与垃圾相关车辆移动量和相应的碳排放量高达90%。参观者总是评价说尽

图11 从小培养垃圾分类习惯

管有大量的垃圾被这个系统所处理，却没有任何气味。这可能出于两个原因：①整个系统从投放口到垃圾站都是密封的，没什么东西能进来，也没有气味会溢出；②空气在气旋分离器中被分离，然后被导入工业级过滤器，在从垃圾站释放前被清洁了。

持续的景观设计，如景观湿地的动植物合理搭配；合理设置洗洒用水点位，如小区花园、公共活动场地，垃圾箱和站房附近、每栋楼的底层楼梯间等。本节从防疫角度，特别强调公共空间的通风与采光的设计，以及运维洗消措施，将小区公共空间分成如下几个部分来阐述。

4.2 公共空间卫生安全

4.2.1 园林活动空间

小区公共空间的卫生管理是物业公司负担的重要工作，合理的规划设计可以减轻这方面工作压力。避免遗留角落空间，如建筑与围墙的夹空，公共楼梯的下部等阴暗角落；采用自洁或方便清洁的材质，如室外花池、树池围边的座椅采用带釉面的马赛克、玻璃钢等，如室内或架空层采用光面石材、瓷砖；采用生态循环可

按日照相关规范，小区公共绿地应有1/3在日照阴影之外，活动场地宜设置于有充足日照，有良好通风的区域，特别是儿童活动场地、老人活动场地，以及宠物活动场地，宜设驱蚊灯或在适当位置设置诱杀蚊虫的设备，不建议设置静水湿地，及时清理干草等杂物，保持良好的卫生条件，避免滋生蚊虫、蜱虫、隐翅虫等。应在适当位置配备冲洗用水点位。公共活动空间宜设置带有感应自动出水龙头的室外洗手台并配置消毒洗手液等设施和用品，帮助业主在室外经常进行清洁和消毒，培养卫生习

 扫码使用便民药箱　 消毒洗手池　 物资售货机　 户外插座　 驱蚊灯　 感应照明　 雾森系统　 一键救护　 PM2.5检测系统

图12　小区公共景观的设施

扫码便民药箱 消毒洗手池 自然主题乐园 闭路电视监控 户外插座　驱蚊灯　感应照明 雾森系统 PM2.5检测系统 智能推车存放

图13 小区公共景观的设施

图14 公共景观的洗手设施

惯。在疫情暴发期，及时对人停留多并容易触碰的扶手等进行消毒。

4.2.2　地下车库

　　人在地下车库的停留时间不长，故地下车库的空气质量卫生状况不受重视，但是对于某些病毒细菌，很短的时间就可以让人受到感染，所以从防疫角度，还是应该认真对待地下车库的风险。

　　地下车库的空气质量较差，汽车尾气排放的NO、SO_2等的有害气体浓度经常超标，与地下车库作为封闭空间而物业运营商排风换气不足有关。而且排风口分布稀疏、不均匀，存在很多换气死角空间，加上地下车库机房、管线比较多，渗漏、积水多，工程防水等级低，经常有外墙局部渗水等问题，在这样阴暗潮湿、通风少的环境中，病毒、细菌也容易聚集在地下车库。地下车库应禁止设湿垃圾桶和站房，不得不设时，应采取杀菌除臭的措施。加强对地下机房和管线的管理，及时排查、检修漏点。地下车库也应设置空气质量监测的设备，通过自动诱导风机、排风机的运行等确保空气质量达标，疫情期间更应该经常启动地下车库排风机。

　　地下车库的设计应利用高差等条件争取设置采光通风窗，没有条件设侧墙窗的，推荐设置采光天井的方式，为地下车库引入自然光也形成自然通风，有利于车库内污浊空气的扩散稀释，地下车库设置采光井的方式，在平时就大大提升地下空间的体验，如北京建外SOHO，虽然建筑密度很高，但是地下车库设置了很多采光井，并将绿化引入地下，一改地下车库阴暗压抑的感觉。石家庄中冶德贤公馆项目在中心花园景观做下沉广场空间，不但形成立体景观，也为周边地下车库引入了采光通风条件，在疫情期间更能体现出通风和光照的优势，值得推广。

为加强地下车库的通风效果，可以将通风口拔高，结合景观做成雕塑的造型。图18这个雕塑装置实际上是伦敦帕特诺斯特广场地下旧发电站的通风装置。设计师利用了广场混凝土板上的两个孔洞，形成了两个独立的小型通风设施，这一设计有效缩小了通风口的覆盖面积和整体体积，即起到了美化环境的作用，又具有实际功效。

图15 地下车库的卫生问题

图16 建外SOHO地下车库的自然采光天井

图17 石家庄中冶德贤公馆下沉花园与地下车库的采光

图18 伦敦帕特诺斯特广场雕塑装置

4.2.3 走道、楼梯、电梯

住宅建筑设计为争取给套内最多的采光面，一般给走道、楼、电梯间围到中间形成核心筒，所以除楼梯外，走道、前室、电梯厅一般都没有外窗，通风条件不好。我国建筑防火规范中规定，7层以上的住宅采用的封闭楼梯间，不能自然通风或自然通风不能满足要求时，应设置机械加压送风系统。高于33m的住宅建筑应采用防烟楼梯间。这些消防的措施是为火灾发生时，防止烟气进入楼梯，确保楼梯的紧急疏散功能，物业运营应保证这些措施随时有效。在呼吸道传染病疫情暴发期间，在给楼梯间开窗外，还可利用消防楼梯间的鼓风机等辅助通风设备，实现电梯前室、走道、楼梯的换风，减少污染物滞留的死角。

公共走道、楼梯间的设备井道，特别是水管井要经常检查，防止渗漏、潮湿，并进行消杀。我国住宅建设的某一个时期，流行楼梯间设有公共垃圾井道的设计，现在有些旧小区还能看到，随着文明程度的提高，现在基本都不再使用。应该对废弃的垃圾井道及早进行封堵，或加强消杀。

电梯是人员密集使用的设备，保持通风卫生安全尤其重要。《电梯制造与安装安全规范》GB 7588-2003中对电梯通风有以下规定：第5.2.3条中要求

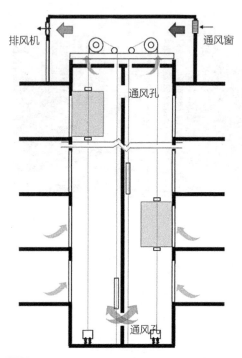

排风机

通风窗

通风孔

通风孔

图19 电梯井道通风改进示意图

"井道应适当的通风",同时注释:"在没有相关的规范或标准情况下,建议井道顶部的通风面积至少为井道截面积的1%。"第6.3.5条关于机房通风要求:"机房应有适当的通风,同时必须考虑到井道通过机房通风。"第8.16条关于轿厢通风要求:"轿厢应在其上部及下部设通风孔……轿厢上部及下部通风孔的有效面积均不应小于轿厢有效面积的1%。"现行规范在对机房、井道、轿厢均提出了适当的通风要求,但没有针对通风风量、空气参数的技术要求,没有从卫生防疫角度对电梯通风作出要求,仅1%的无动力通风面积主要是从电梯设备本身运行的需要考虑,在疫情期间对病毒的通风稀释显然是不够的,电梯轿厢的换气主要是依靠电梯停层开门过程,但电梯厅是否良好通风,轿厢的单向通风效

果也是不可控的。电梯运行过程也常有长达30s左右时间不停站开门情况,对于类似新冠病毒的传播速度,显然亟需对该问题进行专题研究。

电梯井道的通风是轿厢通风良好的重要前提,而顶部电梯机房的通风往往也是电梯井道通风的唯一出口,其通风效果对井道以至于轿厢的通风都起着影响。目前规范对电梯机房的机械通风主要是从电梯曳引机等设备的散热方面考虑的:装置简单,风量低、风压小,而依靠井道内热气流形成的自然通风受环境影响较大,在夏季井道内空气难以形成与室外有效对流和交换。一方面造成了机房温度过高,电梯设备故障率增加,另外一方面井道内通风效果差,在防疫上起不了通风换气作用。空调专业应根据电梯在高峰期的使用人员密度、停留时间、电梯轿厢及井道空间容积等参数进行定量分析。今后应考虑加大电梯顶部机房开窗通风的面积,或者增加机械排风量,并且在电梯底部考虑补风措施。两部及以上电梯并排的,电梯井道不宜以剪力墙完全隔离,应至少在井道底部留有相通的口,以电梯运行时的活塞效应促进井道内的空气循环,从而带动新风换气。

目前电梯轿厢多采用上送上排的通风或上送上回的空调,这样的通风、空调方式存在局部空间内气流被反复搅动,一旦存在污染源,有加速病毒传播的可能。对于普通住宅,建议采用直流式的通风方式,采用上部机械送风,在侧壁的下部开排风口,这样很有利于轿

厢内飞沫迅速下沉。但需要注意，一般电梯轿厢出厂时预留底部通风孔，在精装时却往往被遮挡，就造成污染空气无法通过上进下出的合理方式排出；电梯上下动态运行时，当排风口处于涡流区，也会减少轿厢排风量，应注意排风口的位置和构造上的处理。

电梯内特别是电梯按钮、扶手的接触传播也是重大风险所在。疫情期间，多部门给出了电梯运行维护的指导意见，主要是每日进行消杀，电梯按钮临时覆膜并经常更换，设消毒纸巾等。最近电梯厂商业在积极研究电梯轿厢增加空气净化与杀菌装置方面的措施，提出了包括紫外线灯病毒灭杀、负离子杀菌

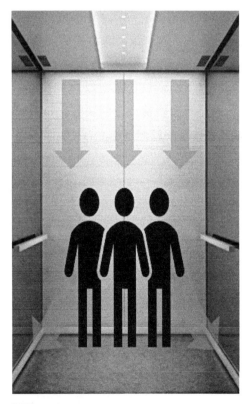

图20 电梯轿厢的上送下回的通风利于飞沫迅速下沉

风扇、空气净化器等。紫外线灯通过红外感应保护装置联动进行智能启动/关闭，当感应到有人时，立即停止紫外消毒灯运行，确保安全；负离子发生器可产生臭氧和负离子，提供轿厢内二次杀菌。臭氧释放的含量也应控制在人体安全范围。轿厢内的空气净化器利用物理过滤、微静电等方式循环净化轿厢空气。这些措施都还在研制中，具体效果怎样，有待进一步验证。

另外，电梯井道底坑往往是整个建筑底板最低的地方，经常积水，又阴暗潮湿，容易滋生细菌，从而给井道、轿厢内空气带来威胁。考虑以下措施：一是在电梯基坑底部增加排水渠，遇水汇至集水坑，保证电梯基坑内排水通畅。二是地下室电梯前室地面应略高于其他区域，当本层有水聚积时，不会流至电梯厅。三是在电梯基坑底部设置溢水报警器，在电梯井道内设置空气质量监测装置。以及物业经常检查及时处理。

4.3 水管网的卫生安全

在小区的道路、庭院、草地内，经常能看到各种井盖，其实下面布置了很多管线，一般包括电信、雨水、污水、给水、中水、热力、煤气、电力，这就是项目自行建设的小市政，在我们平时

不注意的地下，有很多复杂的管线在支撑着居住小区的供应和排放，其中大部分是压力流，按进入的接口位置和需求点位，尽量简洁布置，也有重力流，如雨水、污水，则需要根据标高，按一定坡度设计好走向，个别地方设置提升泵，最后顺利接入城市管网排走。相对来说，城市大市政管网有严格的规范，有各自负责的市政部门管理，这是城市环境卫生安全的重要因素，也是创建健康城市的重要指标，但在居住区内部，由开发商建设，物业公司运维，相对规范程度低，存在着较大的风险。

很多传染病都与水污染有直接关系，如霍乱、军团菌肺炎等。如深圳龙岗区历史上多次爆发霍乱疫情，"该区自1993年以来开展霍乱主动监测工作，根据1994~2008年的监测结果分析，霍乱疫情的发生与周边环境（包括外环境和食品）中霍乱弧菌的检出呈显著性正相关，且主要是与水源、媒介等外环境中霍乱弧菌的检出相关（$r=0.750$，$P<0.01$），与外环境水样的相关系数达到0.622（$P<0.05$）。"[1]

建筑给水系统设计的缺陷及后期运维的不当，可能导致生活用水水质指标不能满足国家对生活饮用水、杂用水的水质标准规定，而建筑排水系统的设计不合理及运维不当，会导致排水不通畅，出现堵、漏现象，以及管道中的有害气体返溢到室内，这些都会严重威胁人民身心健康。这次突发（COVID-19）

疫情，也有微生物专家指出新冠病毒可能通过污水形成的气溶胶传播。如何保障建筑给排水系统正常运行、阻断病毒传播，保障人们身体健康，对于建筑给排水系统的设计优化、运行维护措施是重中之重。

4.3.1　给水安全

据央视新闻台报道，2019年7月北京部分小区出现了大量腹泻的问题引起了政府的重视和调查，最终查明是该小区的供水中含有诺如病毒造成群众感染。该小区建设时候尚没有市政自来水条件，改用临时自备井解决供水问题，周边存在乱排污加上下雨导致井水受到了污染，经侦查，抓获向路面雨水井偷排生活污水的人员，以污染环境罪起诉，并协调该小区尽快接入市政自来水。

我们国家高度重视给水的安全，2020是我国脱贫攻坚的决胜之年，解决吃水安全问题还是脱贫的关键指标之一。无论在疫情防控期间还是平时，生活饮用水的水质安全都是要保障的，供水工程从水源地选择，水厂处理工艺，配水管网到自来水龙头都有着严格和完善的标准。但也无法确保从水厂到供水点，往往经过几十公里的管网，不出现渗漏、爆裂，水质受到污染的风险。对于居住小区的二次供水，完善的系统设计和运行维护是保障水质安全的重要环节。我国目前执行的为行业标准《二次

---

❶ 董建，刘凤仁，刘渠，李刚. 深圳市龙岗区1994~2008年霍乱监测结果分析. 中国热带医学2011年第11卷第1期.

供水工程技术规程》CJJ140-2010及协会标准《二次供水运行维护及安全技术规程》T/CECS509-2018。但不同城市水源差别客观存在，以及我国住宅建设的不同阶段规范略有不同，建设标准不一，设备品质不一，加上运营管理维护的不专业，有私改的现象，随着建筑的使用，老化加剧等，最终导致供水水质的差别。根据复旦大学2012年的调研[1]，上海崇明县60个二次供水住宅小区，检测二次供水与市政管网水水质，结果显示二次供水合格率为75.00%，低于市政管网水合格率的93.33%。

针对此现状，落实各住宅小区供水卫生安全管理的责任单位，应做到实时监督，保障居民饮水安全。建议在二次供水系统的供水设备出口设置水质在线监测系统，对水的浊度，pH值及余氯等进行实时监测。对于水质监测出现不合格时及时预警，方便维护人员对供水系统进行排查维护。对于有条件的地区，可以同时考虑在二次供水系统的进水端设置水质在线监测系统，对采用自备水源的项目尤为重要，可以对来水情况进行监测及时预警，便于对社区用水及时警报和对小区二次供水处理及时采取相应措施，避免短时间过大负荷。

生活用水供水方式的选择，能利用自来水压直接供水的应优先采用自来水直供。二次加压供水系统，优先采用无负压供水方式，采用水箱-变频泵联合供水时应尽量减少中间贮水设施，减少

水质可能污染的环节。水箱应设在室内，避免暴晒使水温长时间高于25℃，容易滋生细菌。检查生活水箱的溢水、泄水采用间接排水至明沟，管口下沿应高于沟沿150mm以上，溢流管出口防虫网状态良好。对二次供水水箱除常设的紫外线杀毒措施外，还应进行定期的清洗消毒，频率建议每半年不少于一次。

老旧建筑屋顶重力水箱，应对材质为钢筋混凝土水池进行更新改造，更换为食品级不锈钢水箱。对二次供水机房、生活热水机房建议提高装修标准，机房墙面及地面采用易清洁的材质铺装，同时建议严格按国家规范规定设置通风换气次数，保证泵房的干燥、卫生。泵房内也建议配置消毒设施。

住宅建筑内自来水管路常用ppr管，因其造价低，可塑性强，易施工，性价比较高，在我国广泛使用。一些高端项目从提高给水安全标准角度，可采用铜管、不锈钢管，耐久性更好，不易锈蚀、渗漏，而铜管有抑菌作用，水龙头建议采用铜芯产品。

运营维护制度不健全或者运维人员不专业是比较大的问题，我国尚没有很完善的第三方监管制度，在建设竣工验收移交，业主装修和初入住期间更应注意。

小区集中软化水装置停用再次启动前应对树脂进行一次再生处理，防止再生树脂滋生微生物，发霉，结块。如发现树脂发霉应进行灭菌处理。

---

① 复旦大学硕士学位论文：崇明县住宅小区二次供水现况调查及影响因素研究 作者苗正，2013，分类号：R123.1.

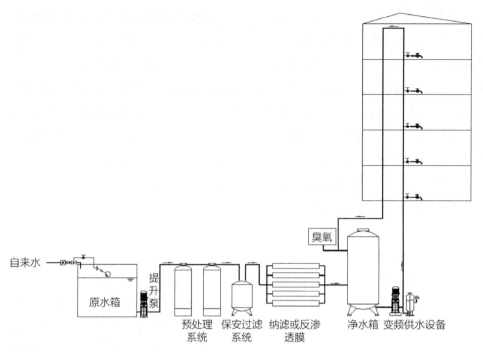

图21 管道直饮水系统工作原理工艺流程图

为进一步提高供水水质，住宅小区可以增设管道直饮水及其智能监测系统。目前自来水水质要求符合《生活饮用水卫生标准》GB5748-2006，管道直饮水水质按《饮用净水水质标准》CJ94-2005执行，直饮水是供人们直接饮用和烹饪的净水。为保证管道直饮水系统安全可靠运行，对系统进水水质（自来水）、系统出水水质以及回水水质进行在线水质监测，可以使用户对直饮水水质进行监督，也可以预防因饮用水污染而出现的安全防疫事故的发生，还可以为运行维护人员提供维修、维护的便利。管道直饮水的处理工艺包括：

粗过滤，即预处理系统，是指通过机械筛分过滤、吸附等物理的作用手段对自来水进行初步处理，去除水

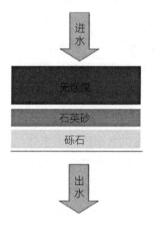

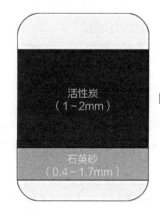

图22　上：多介质过滤（滤料更换周期1.5~2年）

下：活性炭过滤（滤料更换周期2~3年）

中的悬浮颗粒，降低水的浊度，保护深度处理设备的安全运行。常用的预处理方法有：多介质过滤，活性炭过滤等。

深度处理去除水中的有机物（包括"三致"物质和消毒副产物）、重金属、细菌、病毒、其他病原微生物和病原原虫。直饮水系统中深度处理一般采用膜处理。膜分离技术指在某种推动力作用下，利用特定膜的透过性能，分离水中离子、分子、微粒的技术。膜处理系统包含微滤、超滤、纳滤、反渗透。

后处理是在膜处理后进行保质（消毒）或水质调整处理，如pH调节，添加剂处理等。各种消毒方式的要求如下：

（1）紫外线消毒有效剂量不应低于40MJ/m^2；

（2）臭氧消毒时，产品水中臭氧残留浓度不应小于0.01mg/L。

膜处理技术对比 表1

过滤技术	微滤 MF	超滤 UF	纳滤 NF	反渗透 RO
滤膜精度	1～100μm	0.01～1μm	0.001μm（1nm）	0.0001μm
处理过程	前置过滤	深度处理	深度处理	深度处理
最小截留物	铁锈、泥沙	细菌、病毒	重金属、水垢、农药	低价矿物质
净化保留物	颜色、胶体、细菌、病毒、农药、有机物、重金属、硬度、矿物质、水分子	农药、有机物、重金属、硬度、矿物质、水分子	适量矿物质、水分子	水分子
脱盐率	不脱盐	不脱盐	2价以上脱盐率98%以上，1价不脱盐	1价脱盐率98%以上
有无废水	无	部分产品有较少废水	较少废水	较多废水
优点	超大流量，无能耗，保留全部矿物质	大流量，无能耗，保留全部矿物质	中等流量、去水垢、去重金属、保留部分矿物质	小流量，最纯净
缺点	不能直饮	配KDF才能直饮，不去除水垢	有能耗	有能耗，无矿物质
能否直饮	不能	不能	能	能
试用场合	水质初滤	水质偏好的地区	适合所有自来水	适合所有自来水
滤膜寿命	3～6个月	1年	3年	2年

注：滤膜寿命一般与原水水质有关，本表为预估值

（3）二氧化氯消毒时，产品水中二氧化氯残留浓度不应小于0.01mg/L。

以上消毒剂可以任意选择，也可以根据季节变化选择组合。消毒设备要求投加精准，安全可靠并有报警功能。

水质在线监测系统是一个集水质卫生指标监测传感器，无线数据传导设备和远程监控显示平台为一体，运用现代自动监测技术、自动控制技术、计算机应用技术并配以相关的专业软件，组成一个从取样，预处理，分析到数据处理及储存的完整系统。从而实现了饮用水系统的在线自动水质监测，可对直饮水系统中不同位置的水质进行24小时在线监测。

目前自来水符合《生活饮用水卫生标准》，管道直饮水符合《饮用净水水质标准》，两种标准中指标较多，如果将标准中的指标均实施水质在线监测，那么每项均需要专门的探测仪来实现，不但系统复杂，价格昂贵，而且在工程实际中无意义。所以一般是对饮用水电导率、pH值、浊度、硬度指标进行监测。其中浊度是指水中悬浮物对光线透过时所发生的阻碍程度。水中的悬浮物一般是泥土、砂粒、微细的有机物和无机物、浮游生物、微生物和胶体物质等。水的浊度不仅与水中悬浮物质的含量有关，而且与它们的大小、形状及折射系数等有关。从浊度指标可以反映出水中病毒、细菌的可能含量值。按《生活饮用水卫生标准》GB 5749-2006：浑浊度（散射浑浊度单位）应低于1NTU。

在线监测设置在进水端，处理后的净水供水端，用户的回水端，如图23：

自来水水质在线监测，采集pH值，浊度，电导率及硬度由网关设备通过WIFI传输至物业管理平台。供物业管理人员随时监控来水，保证直饮水处理设备安全稳定地运行。可以在自来水因管网检修或有其他突发状况时，有效地对直饮水处理系统采取紧急预案。

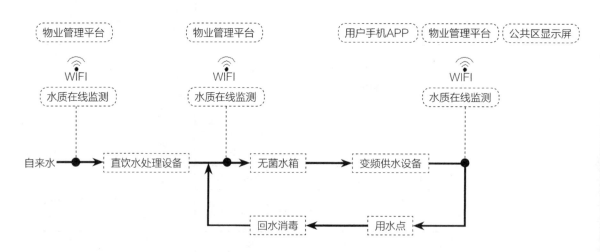

图23 水质在线监测系统（来源：中冶置业集团设计研发部）

直饮水出水水质在线监测，采集pH值，浊度，电导率及硬度由网关设备通过WIFI传输至物业管理平台。同时将监测的指标传输至小区公共显示屏及用户手机APP。除为物业人员提供监测直饮水处理设备的运行状况外，还可以方便用户查看饮用水水质，随时监督，随时饮用健康的水。

直饮水回水水质在线监测，可供物业管理人员随时监控回水水质，通过回水水质判断管网运行情况，了解直饮水管网是否存在污染，是否存在回水死水区，同时可以联动循环泵，调整管道的回水流量。

4.3.2 生活热水系统

住宅小区采用集中生活热水系统的项目不多，个别高档小区、温泉别墅追求"24小时热水的家"。生活热水系统水质应符合协会标准《集中生活热水水质安全技术规程》T/CECS510—2018。热水系统运行维护不当会影响水质，易爆发军团菌给人们的身体健康造成危害，"世界卫生组织（WHO）建议为预防军团菌的繁殖，应避免水温处于25~45℃；理想的冷水水温应低于20℃，理想的热水水温在50℃以上。多数研究认为预防军团菌的最低温度为46℃，行业标准《生活热水水质标准》CJ/T 521—2018中规定水温不应低于46℃。55℃的水温能有效避免军团菌的滋生，60℃的

水温可以有效杀灭存活的军团菌。"[1]中国建筑学会标准《健康建筑评价标准》T/ASC02—2016 评分项5.2.3条：集中生活热水系统供水温度不低于55℃，同时采取抑菌、杀菌措施。并指出集中生活热水循环系统分为干管循环、立管循环和支管循环形式，应使管网的最不利点也能保证水温。新建建筑生活热水系统应保障热水管道系统循环通畅，不常用水部位热水不会大量长时间逗留，避免滋生菌落。

对现有集中生活热水系统，应严格控制热水出水温度，可采用高温消毒等措施，杀灭管道系统的军团菌。高温消毒过程应保证最不利点水温不应低于60℃，持续时间不应小于1h。但高温消毒方式对于设置恒温混水阀的系统，阀后管道不能冲洗。采用热泵热水系统和太阳能（直接利用）出水温度达到60℃均存在困难，能耗也大大增加。"因此建议在集中生活热水系统中，优先采用设置银离子消毒器或紫外光催化二氧化钛灭菌的系统形式，既可降低水加热器的出水温度，系统的运行节能，还可提高热水系统的卫生安全，消除病毒通过水蒸气或气溶胶的传播。"[1]

4.3.3 中水系统

对于人均水资源仅为世界人均水资源四分之一的中国，再生水利用是一项国策。许多水源性缺水城市对于一定规

---

❶ 赵锂，应对新型冠状病毒肺炎建筑水系统的风险防控与技术措施，《建筑技艺》2020年2月.

模的住宅、公共建筑规定应设置中水处理设置，对于节约资源有重大价值。大家都知道中水是城镇污水经污水处理厂处理后达到一定标准的再生水，是否会是传播传染疾病的途径呢？针对公众和业界对城镇污水与水环境系统中新冠病毒传播风险的疑虑和担忧，2020年2月14日，住房和城乡建设部水专项实施管理办公室提出了"新冠肺炎疫情期间加强城镇污水处理和水环境风险防范的若干建议"，指出"新型冠状病毒的主要传播途径为呼吸道飞沫传播和接触传播，而城镇污水的收集、输送与处理过程相对封闭与独立，公众不直接接触污水、污泥；并且在疫情期间公众防控意识显著增强，社区和公共区域加强了消毒措施，在居住区、公共建筑以及市政公用排水系统符合设计与运维标准，再生水利用管理规范的情况下，通过城镇污水与水环境系统发生公众新型冠状病毒暴露与感染的可能性很小。"但对城镇污水的相关从业人员存在直接接触、气溶胶吸入等途径的风险做了提示和防范要求。再生水净化处理工程中，通常还有多重的消毒技术保障，如加氯、紫外线、臭氧等措施，"我国现行城镇污水处理厂出水与再生水水质标准，满足新型冠状病毒肺炎疫情期间的卫生学风险控制要求。"[1]当突发传染病，在疫情严重的地区，以及小区设有中水站的，建议暂停可能与人群密切接触的再生水利用方式，按相关市政部门指导意见使

用，并制定严格的再生水误饮、误用和错接的防范措施。再生水用于景观的，应设置警示牌。户外园林景观使用中水进行园林灌溉的系统不应采用雾化的装置，避免人们活动时吸入水滴或微沫。

4.3.4 雨水系统

小区室外雨水检查井、雨水口应定期检查疏通，防止堵塞造成排水不畅，污染小区环境。雨水口应加强管理，严禁向雨水口内倾倒垃圾及脏水。

作为另一项重要节水措施，许多城市建设法规要求住宅小区设置雨水回用系统，用于绿化浇洒、道路冲洗以及观赏性水景等用途，由于不与人直接接触，不需要消毒处理，雨水处理工艺简单，一般仅采用过滤，并不设置消毒环节。然而在重大疫情防控期间，可以考虑用含氯消毒剂对水体进行消毒杀菌等处理，余氯量按雨水回收水体中不大于1.0mg/L来确定。对于采用雨水或中水喷灌方式浇洒的绿地，疫期应改用自来水浇洒。

4.3.5 污水系统

可以说，现代城市文明就是从建设污水排放系统开始的。住区日常会产生大量生活污水，这些污水都会汇入到小区的污水系统中，一般小区污水系统都包含化粪池，生活污水经小区的污水

---

❶ 新冠肺炎疫情期间加强城镇污水处理和水环境风险防范的若干建议，住房和城乡建设部水专项实施管理办公室，2020年2月14日.

系统简单初步处理后排出到市政污水管网。这样就存在出现疫情的小区中新冠病毒等病原体从马桶或其他下水道进入小区污水系统的途径，并可能进一步进入市政管网。2020年6月12日，广州市人民政府新闻办公室举行第125场疫情防控复工复产新闻发布会上，广州市疾病预防控制中心副主任袁俊介绍了一例流行病学调查案例，是广州市某城中村因排污管道破裂，粪水污染环境，引起居民感染。[1] 小区污水管网要做到保持通畅不冒溢，管理运维应注意是否存在管网封闭不严密的问题，一般从气味就可做简单判断。特别应注意污水泵房。根据美国环境保护署2018年发布的《污水收集和处理系统中高致病病原体的暴露接触途径》报告，进水泵房和预处理工段气溶胶中病毒及细菌浓度最高，与深度处理工段相差约3个数量级。小区化粪池在规划时宜设置于下风向和远离人活动的区域，应有明确标识和警示牌。在疫情期间缩短清掏周期，定期投加漂白粉对化粪池进行消毒。应定期检查疏通小区室外污水检查井，防止堵塞造成排水不畅。应封闭、堵严地下非密闭式污水泵井盖板上的检修小孔。对于可上人屋顶，污水排水通气管应高出屋面2m以上，避免含有病毒或细菌的气溶胶被人员吸入。

当出现重大疫情，应当全面提升安全防护级别。疫期对检修人员而言存在暴露而至感染的风险，应做好个体防护，进入封闭空间作业时应加强临时强制通风。有条件的小区建议采用在线监测，并以视频监控减少人员接触暴露。

小区物业人员应封闭不使用的其他排水点，应检查供水泵房、水箱间、换热站、制冷机房、空调机房等设有排水点的设备机房的地漏，不经常使用的建议暂时封闭，待使用时打开。

4.4 人防设施利用

一般规模大于5万m²的住宅小区项目都设有人防，人防工程是为战争时期防空袭，包括核武器、常规武器及生化武器的战略储备设施。而疫情暴发就是人类与病毒/细菌之间的一场战争，人防工程应该在应对疫情方面发挥出作用，这有待于人防专家的进一步研究，在此仅抛出一些设想：

目前人防工程防护生化武器的原理是通过滤毒通风设备为防护单元造成超压，防止外界的污染侵入，保护健康的人员掩蔽。传染病病原不至于像遭遇生化武器袭击那样集中而高密度，那么是否可以通过改变通风设备系统的方向，造成防护单元的持续负压，使之形成类似方舱医院的效果，用于临时隔离、救治受

---

❶ 城中村排污管破裂曾致6人感染！广州市疾控中心详解"破案"过程. 南方都市报. 2020-06-12.

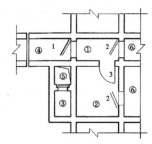

单独设置的简易洗消间
①防毒通道；②简易洗消间；③扩散室；
④室外通道；⑤排风竖井；⑥室内清洁区
1—防护密闭门；2—密闭门；3—普通门

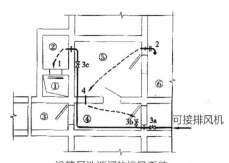

设简易洗消间的排风系统
①排风竖井；②扩散室或扩散箱；③染毒通道；
④防毒通道；⑤简易洗消间；⑥室内
1—防爆波活门；2—自动排气活门；3—密闭阀门；
4—通风短管

图24 常见的人防口部设计

感染者呢？

另外，利用人防设施带有滤毒、洗消功能的入口，作为从疫区返回人员、一线防疫人员等特殊人员进入、返回小区的专用通道使用，或为社区服务工作者等高风险人员使用，用于轮岗时清除衣物上的病原。

这些功能本不包含在人防工程原定的功能内，然而人防工程耗资巨大，长期不用，亦难以保障其效能，不如今后在人防设施的规划设计上结合防疫需求进行研究，则是一个大课题，包括设备的转换，口部的位置、动线等都会有一些新的要求。

4.5 生态园林与除"四害"

我们把住宅小区看成一个人工的生态群落，在环境营造上，组合对这个生态群落的主体—人——有益的生物，抑制对人有害的生物，能用自然生态的方式使这个群落得到可持续发展，尽量少地采用化学方式——化肥和农药，是人类与自然和谐相处之道。比如搭配有抑菌降尘功效的植物，比如在小区珍贵的公共景观中，搭建一些对环境有益的猫舍、鸟屋，考虑其他有益生物的生存空间等。园林绿化不止追求三季有花、四季常绿，还应该有虫有鸟。应选择抗病虫害强、无毒、无花粉污染、易养护管理的本土植物。近人处应避免种植带针刺的植物，低公害绿化，少用农药化肥，减少对大气、土壤和水的环境污染。园林植物有些是可以驱虫的，通常会有些刺激性气味，如香樟。但不同植物都会有不同的病虫害，很难有植物能不生虫不得病。通过组合搭配，相互抑制，不使某种特定的虫害有可蔓延繁殖的空间。有些植物有杀菌的功效，像玫瑰、桂花、紫罗兰、茉莉、柠檬、石竹、紫薇等植物，可以产生芳香气味，能挥发出具有一定的杀菌效果的油脂。

苍蝇、蚊虫、老鼠和蟑螂，以其生活习性传播疾病，危害人类的健康，列为"四害"。居住小区通过一些园林设计和管理措施可以减轻四害的扩张。

应对苍蝇，在做好垃圾分类基础

植物抑菌改善公共卫生环境

不同植物的抑菌物质和芳香物质的含量和组分不一样，绿化中选择抑菌能力较强的树种。如：香樟、银杏、臭椿、悬铃木、珊瑚树、雪松、油松、水杉、海桐、法国冬青、大叶黄杨、石楠、女贞、八角金盘、常春藤、紫叶小檗、合欢、刺槐、紫薇、悬铃木、木槿、广玉兰、大叶桉、柠檬桉、栾树、水枸子、石榴、茉莉、凤凰竹、罗汉松。

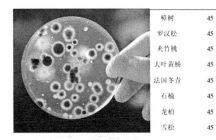

植物种类	对照菌落数	处理菌落数	杀菌率（%）
樟树	45	7	84.4
罗汉松	45	13	71.1
夹竹桃	45	10	77.8
大叶黄杨	45	9	80.0
法国冬青	45	12	73.3
石楠	45	36	20.0
龙柏	45	12	73.3
雪松	45	26	42.2

图25 抑菌植物

上，及时处理厨余垃圾。适时进行化学药物的消杀。

在我国分布较广的中华按蚊，是嗜吸家畜血兼吸人血的蚊种，是传播疟疾、流行性乙型脑炎的重要媒介，经科学研究，蚊虫的幼虫在水中滋生，一般在隐蔽处的静水中特别容易滋生，而在有阳光直射的水里，或者流速大于0.1m/s以上的活水中，则不容易滋生，另外，在水里养些柳条鱼、鲤鱼、草鱼以及蛙、龟等动物天敌，以及狸藻等植物可以抑制蚊虫的滋生。[1]

加缪的《鼠疫》描写了一座卫生状况欠佳、老鼠横行的城市阿赫兰，正是成群的老鼠将鼠疫灾难带给了这座城市里的人们。如今的现代化城市，有统一的灭鼠行动，老鼠已经不多见，但在小区里偶尔还是会看到。笔者居住的小区，专门设了两间猫舍，养了两只猫，平时大家经常送些剩饭菜，也有见过那两只猫在草丛里蹲伏、扑跳，看护了这个小区不会有老鼠猖獗。

蟑螂具有超强的繁殖能力，俗称打

图26 笔者所在小区公共空间的猫舍

❶ 叶真，夏时畅主编. 病媒生物综合防制技术指南. 杭州：浙江大学出版社，2012

不死的小强。在居住小区中组织统一入户的消杀也不太现实，所以重要的策略是在住宅补漏补缝，特别是厨房、卫生间用水的房间用水泥、腻子等补上各种缝隙，这样可以保证自家药杀后不容易再次出现。

除了以上四害，还有些小虫子不小心触碰也会引起较大的伤害，如隐翅虫、蜱虫等，这两种虫体长都不足1cm，但体内都含有剧毒物质，切不可拍打，如不能吹掉或轻轻拔出应立即到医院处理。这两种虫都在朽木、杂草堆中易滋生，在小区环境中应及时清理。

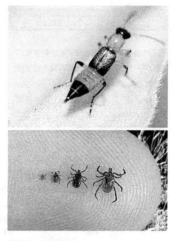

图27 隐翅虫与蜱虫，虫小惹不得

第 5 章

住宅户内防疫

很多人以为，住宅建筑对建筑师是相对简单的建筑类型，笔者认为，住宅也有相当复杂的一面，相对于有明确单一功能的公共建筑，比如商场、办公建筑，住宅是全龄使用者（还包含宠物）、超长的使用时间、使用的功能模式也是最丰富的一种建筑类型，无论是对户型空间，还是对设备系统的要求，都要有很大的弹性。而其设计的水平高低，往往都是体现在非常细节的地方。住宅也是大量复制性建筑，一个小的细节，在大量建设中就会被放大无数倍，想想我国的老一辈建筑师们，在住房紧缺的年代，为了按相对公平的一种分配标准，为了每个户型的零点几平米，要反复在图板上修改，而今天，户型面积已经相当宽松，建筑师用电脑CAD，轻易就可以将一种设计阵列复制成多栋楼，影响着千家万户的生活品质。此次新冠肺炎疫情，居家隔离期间，所有的生活都在这小小的空间里，体会更加深刻。下面从户型设计和空气环境、水系统、光环境等方面谈谈城市住宅在防疫方面的性能。

5.1 户型设计与室内布局

5.1.1 功能分区

说起功能分区，我们首先要准确理解住宅有哪些功能，居住到底包含了哪些行为模式，这一点对于年轻的建筑师也许并不容易。最简单的居住空间当属产业园里的宿舍，或者是综合体里的开间公寓，早九晚五的人们可能只把它当成一个睡觉的地方，但深究起这种产品，也并不是那么简单。对于普通住宅，家是人们的温暖港湾，也是容纳了人们"任性"的地方，而2020年初开始的这场新冠肺炎疫情，把全球的很多人都隔离在家，公共空间被压缩到极致。住宅承载了生活、工作、学习、交流等各种活动，在经济能负担的有限面积内，合理尺度的卧室、起居室、厨房、餐厅、卫生间、玄关、书房/工作间、储物间、南/北、内/外阳台空间自然是越多越好。

可以断言，具有良好被动式基础的住宅，有助于主动式工具效益的发挥，在平时居住体验良好的住宅，也更有助于在疫时对居住者的保护。良好的户型设计应赋予户型充足采光、日照和自然通风，有助于心理健康、日晒灭菌、稀释污染空气，转为防疫模式后也更有利于居家隔离或工作生活的健康性。面对病毒这样看不见的危险，只有科学、严谨、有序地做好自己的隔离动作，才能让病毒无隙可乘，因此，分区与流线设计尤其重要。

通常户型设计需要考虑动线设计原则——动静分离、洁污分离、生熟分离、干湿分离——不仅在平时具有健康价值，在疫时也助于隔离传染风险，属于平疫通用原则。很多动静分离的设计是把起居、餐厅等空间靠外视为动区，把卧室集中到内侧，通过走道组织起来，看起来动静分区严格规整，实际上，使每位家庭成员都有各自独立不相互干扰的空间也是一种分区方式，是提供一种保持一定防护隔离距离的方式。老、幼通常是易感人群，有独立房间，有利于平疫转换时对局部空间进行更严格的隔离改造。老人的起居习惯跟年轻人有较大不同，老人房间与子、孙的卧室靠近反而相互干扰，我们更倾向于将老人房间与其他卧室分列起居空间两侧，如中信国安第一城的户型，老人房间也靠近卫生间，也满足老人的起夜习惯。儿童房间视成长阶段的需求不同，青春期要求私密性，之前则需要与主卧室靠近，方便照看。孩子的天性活泼好

动，居家隔离工作生活对大人还好，对小孩子尤其难熬，不要凭想象将孩子的空间限定在儿童房，整个公共区都会被留下孩子很多的印记。对于很多家庭而言，宠物是重要的成员，一般安排在阳台上，特别是疫时宜在特定区域搭建宠物窝，使宠物窝中休息，避免太过密切接触。晚上需要关上阳台门以免宠物夜间捣乱。

洁污分离首先是厨房、餐厅与卫生间保持一定的距离，很多小户型住宅卫生间门直冲着餐厅或厨房，就需要更加注意卫生习惯，应保持卫生间的干燥、洁净减低风险。

生熟分离主要体现在厨房的流线上。中国人有丰富的美食文化，因此厨房也更复杂，要将厨房设计好其实并不容易，这方面，清华大学周燕珉教授等学者有深入的研究，读者感兴趣，可以找来读读。这里强调从降低病毒传播

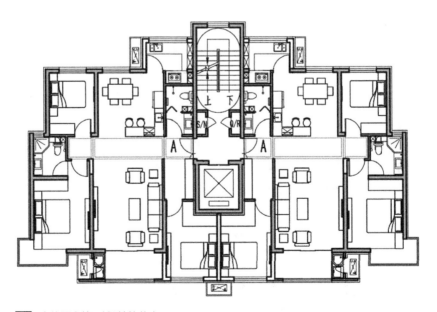

图1 中信国安第一城B地块住宅

的风险上的重要性，厨房首先要靠近入口，买菜回来带着生鲜以及带走厨余垃圾时出入尽量少穿行公共空间。据说新冠病毒在冷冻环境下存活的时间很长，

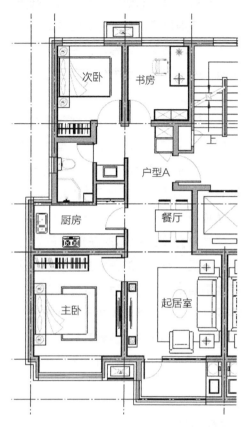

图2 洗手盆外置的卫生间干湿分离且节省面积

图3 三分离式卫生间，使用效率大大提高

所以从冰箱里取出生鲜食材到清洗的过程避免与熟食流线交叉。

干湿分离指的是卫生间的洗浴功能与其他功能分隔开，应在保持卫生间干爽方便清洁及防滑防摔倒等方面有利，现在，推荐的设计是将洗手盆、马桶和洗浴全部分开，并且洗手盆可以外置，更便于养成勤洗手的卫生习惯。

5.1.2 灵活兼容

从疫情状况看不少专家认为疫苗研制成功还需要近一年的时间甚至更长。居家隔离仍是防护重要措施。居家的空间防疫安全和生活模式以及心理健康等问题是需要认真研究的课题。长期居家隔离生活需要功能复合的起居空间，除了平时的家庭休闲活动外，还要适应大人居家办公、孩子网络学习、健身、发展兴趣爱好等多种生活场景的需求，促进家庭交融、缓解心理焦虑和恐慌。

最常见的是客厅、餐厅、厨房和阳台进行一体化设计，将原本割裂的空间变成完整的大空间，使空间变得开阔，可以舒缓心情，再通过灵活可变的空间或家具来切换不同模式，实现不同功能转换，也使空间丰富。如图4所示。

客厅放块瑜伽垫，随着电视屏幕上播放，就成为瑜伽锻炼的空间；将餐桌略加改变，餐厅就可以兼做工作间；书房，相对分隔就可以开远程网络会议；孩子的书桌也不仅仅是孩子写作

卫生间

厨房

玄关

可拉伸餐桌　餐厅

书房

室内健身

客厅

室外健身　　休闲　种植

图4 功能复合的起居空间可以满足丰富的起居生活

业的地方，旁边一定要有妈妈看书，顺便监督指导作业的地方；阳台的功能最灵活丰富，在长期居家隔离得不到亲近大自然的机会时，更是不可或缺，根据业主的爱好可以养花种草，搭建宠物空间，作为茶室，或者悠闲地在躺椅上晒太阳。

然而功能的丰富不是空间家居的无序堆积，而要让各种功能有其各自的空间领域感，有对位关系，并且，很重要的是要让家庭成员之间视线可及，能够在较为开阔的空间里方便对话交流，从而减少近距离接触的需求。比如图5，空间面积也不小，也是宽厅，但每个空间功能单一，且厨房、书房都各自独立，使家庭成员间难以交流。

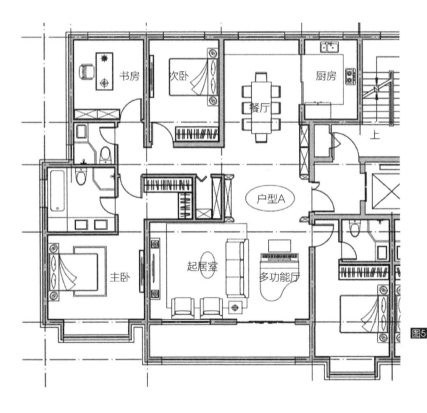

书房

次卧

厨房

餐厅

上

户型A

主卧

起居室

多功能厅

图5 虽然户型面积不小，但各空间割裂缺少互动

5.1.3 清洁玄关

根据多份疫情期间对居住者的问卷调查报告显示，玄关空间陡然得到居住者高度的重视。玄关的说法似乎是源于日本，因为进屋后先要换上拖鞋和家居服，才好在榻榻米上坐卧，日本人的住宅中是绝对不能少了玄关的，而且玄关相对于起居空间自然下沉了一个台阶，虽然与适老化、无障碍的要求相反，但强调了玄关空间的过渡性和仪式性。从户外进入户内是从"污染区"进入"洁净区"的过程，住户在玄关处需要完成外衣更换、脱手套摘口罩、丢弃废弃物、基本消毒等行为，以防止将污染源带入生活区。玄关可靠近卫生间，养成回家先洗手的习惯。玄关作为室内外环境的"过渡区"应相对独立，可考虑通过推拉门与室内空间进行隔断。在不增加面积的前提下，玄关处可设置多功能收纳柜，存放外衣、鞋、消毒清洁用品等，确保外界污染物不进入室内。玄关是日常生活的必经之路，为避免往返卫生间的清洁、消毒和丢弃行为产生二次污染，可考虑在玄关柜内增设洗手盆、消毒设备及玄关垃圾桶，能够到家先洗手，并将一次性口罩、快递包装等物品在玄关处丢弃及时处理；外衣、鞋等放入智能消毒柜中消毒。

结合新冠肺炎疫情的需求，在设有双道门的玄关内，可以研究家庭成员进门带入的有害病菌的处理方式。比如从邻近的卫生间排风井引入一根排风支管止逆阀等装置为玄关创造微负压，减少病毒向户内扩散的机会。比如在玄关中设置一种具备物联网功能的UVC紫外线发生装置，集成人体感应进行开闭，结合互联网实现多场景实时控制，达到对玄关空间中各外置物体表面的有害病菌消杀，降低家庭成员病菌感染和传染性疾病的风险。

有研究认为，收养宠物有利于人类的身心健康，但是也需要防止宠物（尤其是犬类）从室外带入不洁净的物质。不洁物质在平时对正常的健康人无碍，存在较低的健康风险，但是破坏家庭清

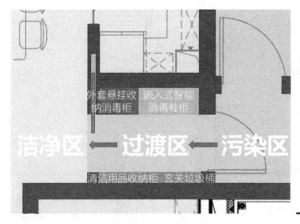
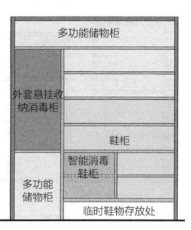

 玄关双道门设置及玄关柜

洁。在疫时，处于疫区的宠物（主要是口鼻脚爪）带入的不洁物质带有传染源（飞沫、气溶胶、粪便、痰液）的可能性大增，存在较高的传染风险。因此，无论平时还是疫时，都宜在入户时对宠物进行必要的清洁，去除污染物，宠物佩戴的项圈、系带、衣物等宜入户后搁置在玄关的特定独立区域。在疫时，宜考虑入户时对宠物先用酒精简单清洁，再至卫生间用清水香皂清洗脚爪（如有条件也可在玄关完成），用干净的湿毛巾擦洗身体，再用酒精重点清洁口鼻部等，去除隐患。如发生大型宠物（小型宠物可抱至卫生间）脚爪穿越客厅、起居厅等居室空间，宜使用一次性含酒精拖布纸擦拭户内地面。

5.1.4 隔离套间

居家隔离是疫情高发期的自我保护方式，限于紧张的医疗资源，疑似或轻症患者可能也需要居家隔离安置，往往一人患病，全家传染，所以有必要考虑为抵抗力弱的成员和可能感染的成员设置隔离套间。在疫情高发期，如每年的流感季节，若家庭成员均未感染，则主要防止外部风险，宜为抵抗力低的老人提供一间更为安全、洁净的房间加以保护，该房间能够经常开窗通风，保持室内空气的洁净，冬季需同时注意辅助保暖。有新风系统的，或通过新风加压，保持该房间正压，减少有污染的空气进入该房间——如新风系统有混风模式，可能需要在此隔离间末端增设杀菌

消毒的过滤段。需要强调的是，对正常时期的普通人没有必要追求"无菌无毒"环境，还是应通过锻炼等良好的生活习惯提升免疫力，此条建议是针对特殊时期或特殊人群的情况。

当有疑似或确诊轻症且不便外出就医，则应该在家中建立更为严格独立的隔离区，采取措施保证隔离者基本生活的同时，也保证其他家庭成员的安全。宜选择其中一间带卫生间的套间作为隔离间。隔离间采用密封性能更好的门窗，此时应关闭新风，利用独立卫生间装备独立的排风系统，保持该房间的负压，防止空气向其他房间溢出交换，造成整套户型的空气污染。

但既有的卫生间排风手段，尚不能满足负压隔离防疫的要求。在排风量方面，经调研住宅卫生间一般的排风扇风量在 $80\sim150m^3/h$ 之间，通常可以为卫生间区域提供10左右的换气次数，但考

图7 可用作临时隔离间的套间

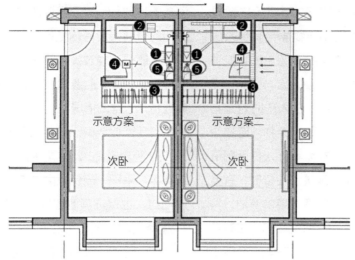

①管道式风机及配电装置；②卫生间排风口；③卧室排风口；④电动风阀；⑤电动逆止阀

图8 隔离套间的负压形成方案

虑套间整体面积（卧室+卫生间）换气能力不足。以一个20m²套间为例，其卫生间面积为4m²，配置风量为100m³/h的排风扇，卫生间自身换气次数可达到10次/小时，但套间整体换气次数仅为2次/小时，与负压隔离需求相差较远。参考《传染病医院建筑设计规范》GB 50849—2014规定呼吸道传染病区最小换气次数为6次，负压隔离病房最小换气次数为12次。因此，需要开发一种用于住宅内兼顾隔离房间的变频式排风扇。但是，这还须注意所利用的原卫生间排风井的负载能力（参考5.2.5内容），检查同单元上下每户卫生间支管联通处的止逆阀安装规范性，必要时，暂时封闭处理，避免通过串风给楼上楼下住户带来感染风险。窗式直排和墙式通风器也是个技术解决路线，值得进一步研究。

5.2 健康空气环境

5.2.1 自然通风

自然通风对防控室内病原体传播的重要性，在SARS时期学界即有深刻认识："防止非典的有效措施是隔离和通风。隔离是避免携带病毒的人通过各种渠道把病毒传播至他人；通风是引入室外无毒空气，稀释室内可能存在的病毒的浓度"[1]。住宅的自然通风对于防止病毒在家庭内的空气传播同样非常重要。有专家推荐住宅每天上、下午各开窗通风一次，每次半小时。事实上，开窗频率和通风量应随室外气候以及户型朝向等条件的不同进行调适。当室外空气品

---

❶ 江亿，薛志峰，彦启森. 防治"非典"时期空调系统的应急措施，《暖通空调》2003年第U06期

质良好，气温不是太高或太低，且风速和风向有利于室内换气时，开窗通风效率最高可以达到10次/h，也就是说6分钟就能够将室内空气整体换新了。但是，当风速小于0.5m/s时，开窗通风的换气效率会降低，并且存在上下楼层之间串风传染的风险。

新冠肺炎与SARS类似，并且由于新冠病毒相比SARS病毒有更强的传染性，武汉被迫进行了封城处理，我国主要城市均采取了社区管控措施，更多的人居家隔离，使得自然通风更加重要。但是如何科学有效地进行住宅通风，我们认为还是有几点要注意的。

2003年香港中文大学的邹经宇教授研究了香港淘大花园一梯八户楼座的相邻住户之间的逼仄空间（注：指为厨房、卫生间等开窗而在立面上设的凹槽，也有称窄天井）中，水汽及空气微粒（PM<10）流动存在的病毒传播的可能途径[1]，简要分析见下列图中E栋情况。

该研究揭示了在建筑物中一种可能的感染病毒的途径：通过逼仄空间产生的垂直向上低速空气流，在同层和不同层的住户中扩散传播，增加感染概率。香港由于建筑密度高，这类逼仄空间司空见惯，尤其是在由单层4~8户（个别甚至可达十户）的塔楼组成的住区中。而内地的大城市，如北京、武汉等，也有很多一梯多户的高层塔楼住宅。

所以在开窗通风问题上，如果是一梯两户南北通透的住宅，如图14所示，以及更宽裕的独栋别墅，通风效果会很好。南北同时开窗，风压差较大的情况下，形成"穿堂风"，几分钟就可以把户内空气换新，也基本不会发生户间短路传播。

但是如果是一层四户，如图9所示，则有几处户间短路传播的风险：南侧的两套A户型无法实现南北通风，如果仅

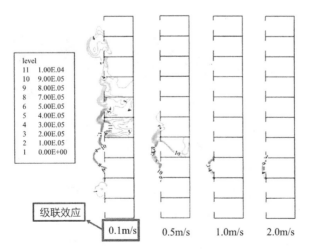

图9 级联效应导致楼层间串风传染

[1] Dr. Tsou, Jin-yeu, Professor of Architecture, Chinese University of Hong Kong, Architectural Studies of Air Flow at Amoy Gardens, Kowloon Bay, Hong Kong, and its Possible Relevance to the Spread of SARS, status report, 2 May 2003

仅开南向客厅或主卧的窗，实现半通风是相对安全的；然而如果要再开启窄缝半天井中的厨房窗，可能造成两套A户型之间串风；如果开启东南、西南卫生间和次卧的窗，则可能造成A、B户型之间的串风；为解决A户型通风不畅的缺陷，有些住宅的入户门处设一道纱门或在入户门上设开启窗扇加固定纱窗以实现贯通风，实则是将户内空气与公共走道之间互通，而走道内的空气流通不畅，危险性也很高。这后一种间接通风的情况不在少数，应该注意。在我国住宅建设的不同时期，还有蝶形平面的住宅塔楼、带内天井的住宅塔楼等，如图10、图11，情况就更复杂，也蕴藏更高的风险。总之，开窗通风要注意避免与邻户或公共空间之间短路串风。从行为防疫的观点出发，利用宏观统筹的管理服务手段，可由物业管理部门根据住区内疑似病例情况、当天风速风向等情况，有序组织公共空间的消毒和通风，

如进一步精细化管理，可按水平向区分门牌奇偶号，垂直向区分楼层单双层，组织住户错时通风。

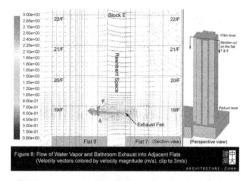

图10 剖立面中分析水雾等污染物进入临近住户

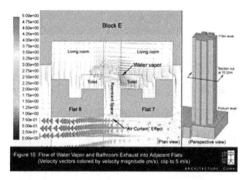

图11 平面中分析水雾等污染物进入临近住户

图12 武汉华南海鲜市场周边住宅

图13 北京北四环外的高密度一梯多户住宅

图14 一梯两户南北通透的住宅

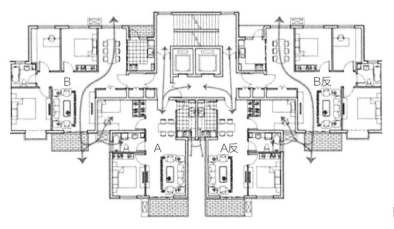

图15 一层四户住宅

图16 一单元四户和八户住宅

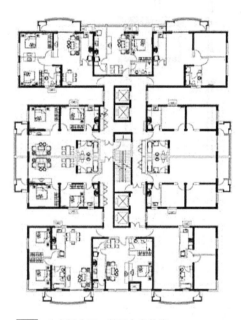

图17 北京某小区一单元十户住宅

5.2.2 健康新风

本节所述健康新风是指相对开窗通风之外的机械通风,特别是指带有除霾等功能的新风系统。要讨论其是否"健康",以及在防疫方面的作用,就首先需要弄清楚现代住宅建筑为什么需要新风。笔者将室内空气环境调节的三大要素以思维导图方式来分析其相互关系,可以直观到:新风换气、温度调节和湿度调节三者之间相互影响,应相互协调进行关联调控,才能获得舒适健康的居住品质;三个要素对舒适健康的价值又各有侧重,新风换气的价值主要在于消除源自室内外的空气污染,同时直接影响另外两个要素——温度调节和湿度调节。

成年人的正常呼吸量大约每小时 $0.3m^3$,但是人体的呼吸排放和源自装修、家具等的污染排放,以及吸烟、烹饪等的排放,综合在一起会持续释放超过100种对人体有害的污染物,暖通空调专业一般要求以100倍以上的新鲜空气稀释。我国《民用建筑供暖通风与空气调节设计规范》GB 50736—2012规定的居住建筑最小换气次数如表1。

居住建筑设计最小换气次数　表 1

人均居住面积 F_p	每小时换气次数
$F_p \leqslant 10m^2$	0.70
$10m^2 < F_p \leqslant 20m^2$	0.60
$20m^2 < F_p \leqslant 50m^2$	0.50
$F_p > 50m^2$	0.45

健康住区防疫 ABC

老旧住宅的外门窗气密性较低，甚至不需要开窗就能实现甚至超过规范的最小换气次数。为了提高节能效果，这些年新建住宅的外围护结构保温性能逐步提高，外门窗的气密性也不断提高，正常情况下闭窗状态通过自然渗透已不能实现足够换气次数，从而不足以稀释室内污染物的密集。来自中国建筑科学研究院空调所的研究曾对北京和上海的15户民用住宅的33个房间的自然渗透换气次数进行的测试，所有房间的换气次数都在0.5次/h以下（图19）。

开窗是最原始也是最有效的通风换气方式，住宅南北风压差合适时，换气效率很高。但居住者一般不会及时意识到室内空气污浊物的增多去主动有规律地开窗。市场上已经出现液压推杆式、铰链式等自动开窗器，当与环境监测系统智能联动时，可以在春、秋过渡季使

用；市场上也出现了各种窗式通风器产品，但窗式通风器受尺寸限制，特别是无动力的通风器，实际通风量很难说，且又受窗帘遮挡影响。针对窗式通风器的问题，我们考察了日本相关产品，提出墙式通风器的设想，结合窗下墙，与窗在室内外造型一体化，在墙体的尺寸内，安装风机、电加热、除霾过滤以及加湿、除湿等功能，与室内空气环境监控联动，可以作为建筑通风的一种方式。

但是在空调/采暖季，直接开窗或通过通风器透风都损耗室内的热量。因此，通过带有进排风热交换的新风设备成为满足住宅通风的一种选择。特别是近年来空气污染受到国人重视，北方和长江流域的城市在冬季时PM2.5浓度常常超标，使带有除霾过滤功能的新风系统得以在市场上大规模推广。还有一些高端住宅项目，还要对室内空气的湿度

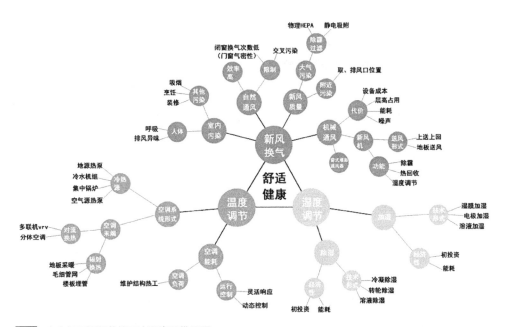

图18 内空气环境调节的三大要素思维导图

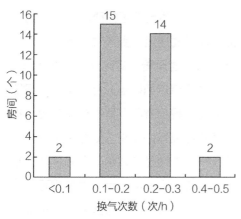

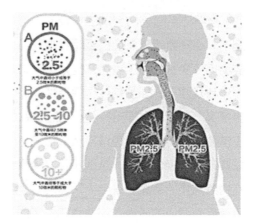

图19 住宅自然通风换气次数测试结果

图20 各种大小的颗粒物对人体的影响

进行控制，更需要通过在新风设备上增加加湿或除湿的功能段来实现。

由此，我们知道新风设备出现的原因、应用的缘故，并不是为防毒、防菌从而防疫。但在新冠肺炎疫情期间，不少新风设备的厂商大力宣传除霾新风的过滤效果，不乏对其产品在防病毒方面功能作用的夸大。那么，除霾新风在疫情期间可以发挥什么功用呢？

当室外温度过低或雾霾严重等情况存在，而不适宜开窗自然通风时，应当通过新风系统为住宅室内补充新鲜空气。新风系统的好处在于：作为换气的补充方式，避免在室外风速小于0.5m/s时通过窗户的开启与相邻户型之间的串风污染；并且新风系统可以造成户内的微正压，减少住宅从公共区、卫生间排气道、厨房烟道等向套内串风传播的风险；或在室外雾霾严重时，通过滤除构造，获得相对洁净的新鲜空气，保持室内正常的空气质量。如果新风系统的取风口位置设置合理，所取的新风也并不需要过滤病毒。

然而，与开窗自然通风的效率相比，新风系统一般0.6~0.8次/小时的换气量在稀释室内空气的效率要低很多。当户内已有隔离病患，或有其他污染源时，无论是单向流、双向流、或是双循环新风系统的室内循环过滤，换气量都无法达到足够稀释室内病毒的效果。

对户式新风来说，不存在通过系统本身的户间传播呼吸道传染病的风险，但当居家有病患，则户式新风可能加速传染给其他家庭成员，这在于系统的设计：目前市场上的主流产品大致分为单向流和带热回收的双向流机组，双向流又分为单循环和双循环，带有除湿功能的新风往往是双向流、双循环，这个过程有混风，这就导致从病患房间的回风经过新风机组的混风后吹向了其他房间。应在此期间关闭混风功能，如无此选项，干脆停止使用。多数双向流户式新风机组热回收段也存在交叉感染风险，部分型号产品带有旁通段，可按需要关闭热回收功能，开启旁通段，对于无旁通段的产品，建议关闭排风功能。

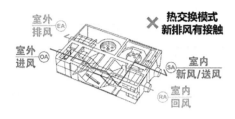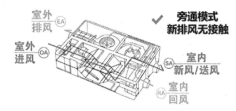

图21 带热回收的双向流机组旁通模式避免交叉污染

一些高端住宅项目采用的集中新风系统是整栋楼集中取新风，经过滤处理后，经垂直主管道送至每户的新风形式，在公共机房内设显热回收，而无混风，只要持续运行，也没有户间传染的风险。只是在户内末端，一些采用下送上回"置换式新风"的，埋在楼地面垫层里的新风管是截面较小的方扁管，此中有灰尘、滋生细菌等难以清洗，倒是个隐患。

毕竟机械过滤是净化空气中各种有害物的常规手段，住宅的新风系统也存在取风和混风受到污染的风险，所以还是有必要在此阐释下除霾新风是否可以过滤掉病毒、细菌。一般细菌颗粒粒径0.3~10μm，病毒的大小是0.01~0.3μm，有研究报道："粒径在0.25~1μm间的颗粒，以及粒径在2.5~10μm的颗粒最有可能成为携带病毒的宿主"[1]。中冶置业集团在2016年委托清华大学研发适合住宅的除霾新风技术，并实施于石家庄中冶德贤公馆等项目。经过与静电吸附、溶液过滤、紫外线杀毒等多种技术的论证对比，在清华大学实验室进行了测试比较，最终选择了包含有高效空气过滤器（HEPA）的三重机械过滤的户式新风系统。对最小粒径0.1μm的颗粒过滤效果达99.95%以上。可见机械过滤式的新风除霾机的确可以过滤掉带病毒、细菌的颗粒。

静电吸附式除霾新风以其可以定期拆洗而不需要更换滤芯耗材的优点也占了较大市场份额，但静电会产生臭氧，虽然实验室测试产生臭氧量符合国家标准，但在住宅内长期使用是否会对人体造成健康危害在科学上尚未有定论，所以清华大学并不推荐采用。市场上还有紫外线分解、杀毒式，市场宣传罢了，紫外线分解PM2.5缺乏科学根据，至于杀毒，医学上对紫外线照射有严格的标准，要持续一定的时间，同时注意避免直接照射到人体，而空气流通而过的短时间，恐怕是难以奏效，也是要以机械过滤为基础，通过照射过滤网杀掉附着在表面的病毒，是否有意义，以及是否影响过滤网的寿命，也是值得怀疑的。有一种溶液过滤式，可以有效杀灭病毒，这种产品在2003年由清华大学团队紧急研发，应用于北京人民医院用于SARS传染病区，取得了很好的效果。但是其成本较高，是否能在住宅上大规

---

[1] 江亿院士在2020年5月22日在中科协"科技服务团"活动的演讲

空气过滤器额定风量下的过滤效率   表2

过滤器形式	适用标准	粒径（μm）	过滤效率（%）
粗效过滤器	《空气过滤器》GB/T 14295—2019	≥2.0	10～50
中效过滤器		≥0.5	20～70
高中效		≥0.5	70～95
亚高效	《高效空气过滤器》GB/T 13554—2020	≥0.5	95～99.9
高效空气过滤器		0.1～0.3	≥99.95
超高效空气过滤器		0.1～0.3	≥99.999

模推广应用，要从经济性平衡上加以讨论。在平时，建筑科技也不应把正常人放到无菌室里生活，保持人与自然的和谐平衡，保持人的免疫力的活力是更重要的。除了医院，也许在养老设施中可以考虑，但也不能矫枉过正。

对于没有安装新风系统设备，又是单面采光无法形成穿堂风的户型，可以考虑借助厨房抽油烟机、卫生间排风扇促进通风。一般抽油烟机的排气量一般为300～500m³/h，卫生间排风扇的排风量在80m³/h左右，如果全开，对于80m²左右户型，确实可以实现全屋约3次/h的换风量。但如果自家已有感染者，则有可能通过共用风道传播给本单元楼上楼下，具体详见5.2.5、5.2.6两节。

5.2.3 空调系统

2020年5月17日下午4时许，北京市西城区疾控中心接到辖区医疗机构发热门诊报告，西城区某大楼出现多起发热病例，经连夜排查，共接诊该单位相关患者33例。结合流行病学调查、临床表现及实验室检测结果，经专家组研判，

排除了新冠肺炎病例，多数患者自述发热与近期使用中央空调有关，初步确定为共同暴露因素导致的集体性发热，病原体初步判断为A组乙型溶血性链球菌。此种病菌虽然致病性也较强，但以β-内酰胺类抗生素，如青霉素、头孢菌素等药物都可进行治疗，在北京外防输入、内防反弹的严密防控新冠病毒的时期，给我们虚惊一场。但此事件再次提醒空调系统是呼吸道传染病的重要传播途径。

时间往前推到2月3日，也就是新冠病毒疫情暴发后春节假期结束上班的第一天，中国制冷学会即发布了《春节上班后应对新冠肺炎疫情安全使用空调（供暖）的建议》，对办公建筑中央空调系统使用的风险和注意事项、防护改进的措施提出了具体意见。但其实该文件主要针对的是办公建筑，上述西城某大楼也是高档的办公大楼，办公建筑的空调系统常采用全空气系统（VAV）或风机盘管加新风的方式，住宅建筑采用的空调形式分为分体空调机、管道送风式空调机、多联机（VRV），这三种都是以室内空气循环借助冷媒管调节室温的，每户独立，不会造成相互污染。以及近

年来流行于一些高档住宅项目的"恒温恒湿恒氧"辐射末端式空调系统，再配以新风。只要新风运营得当，也没有问题。住宅的空调并没有户间传播新冠病毒的风险。

很多人都听说过或患过"空调病"。长期处在空调环境中而出现头晕、头痛、食欲不振、上呼吸道感染、关节酸痛等症状称为空调病（air-conditioning disease）或空调综合征。空调是现代建筑为营造人体舒适的温湿度环境的技术，怎么还会给人带来空调病呢？我们认为，空调病是上述这些不适症状的统称，其实包含空调使用上几种情况引发的：一是使用空调期间长期不开窗换气，导致室内各种污染物浓度过高，空调机的刺片、过滤网、风管等也适合病菌和病毒生存繁殖，病菌和病毒被空调吹送出来，易于引发感染。二是由于空调的冷凝作用，房间内湿度低，这就会对人体眼、鼻等处的黏膜产生不利作用，导致黏膜病。三是室内温度调得过低，且持续时间长，造成人体的生物节律及植物神经功能紊乱。"冷"感觉还能使交感神经兴奋，导致腹腔内血管收缩，胃肠运动减弱，从而出现诸多相应症状；还能使一些人的体表血管急剧收缩、血液流动不畅，使关节受冷导致关节痛。

为防止空调病，主要是使用空调注意以下几个方面：一是在使用空调的房间里不要待得时间过长，每天应定时关闭空调打开窗户，增加换气。二是合理设定空调温度，室内温度不低于26℃，

笔者居住在北京，居家开空调不多，经常是设定29℃、30℃，适当调高温度也节能，读者不妨试试。温度设定还要兼顾室内外温差，以不超过5～8℃为宜，特别是从炎热的户外回来，不要一下子就进入过冷的空调环境。三是避免冷风长时间直接吹在身上，大汗淋漓时最好不要直接吹冷风，注意颈椎、膝关节等部位的保暖。四是定期清洗空调，在空调季新开启前对空调机的清洗，去除机身、网片上可能滋生的细菌。

虽然住宅的空调对传染新冠病毒没有风险，但从空调病这种流行病角度，以及空调对人的健康影响方面，空调的型式选择与使用对于防疫还有其他的意义，这里不妨比较一下住宅里常用的几种空调技术。

分体空调机是普通住宅最常用的空调，一台室内机对应有一台室外机，安装简便，使用简单，大家很熟悉，不再赘述。高档一些，户型面积大一些的住宅用多联机（VRV）也比较多了，就是室外设备平台上有一台较大的室外空气热泵机组，通过制冷剂的冷媒管路输送到各个房间的室内机，每台室内机通过各自的回风送风循环与冷媒形成热交换送出凉风，每台室内机可以单独开关、调节以适应不同房间的需求。这种也被称作户式中央空调，以其功率较大、室外机少对立面影响小、室内机可以结合精装修的吊顶隐藏而受到欢迎。管道送风式空调是介于两者之间，也是一台室外机对应一台室内机，但室内机也可以接风管而得名，可以结合吊顶隐藏。近

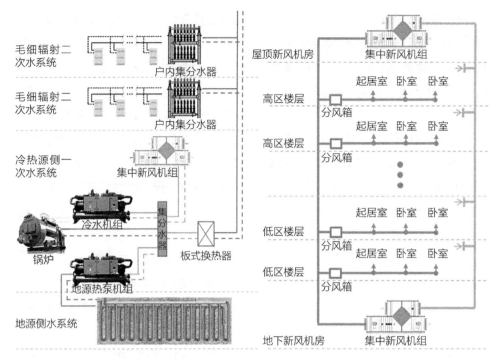

图22 "恒温恒湿恒氧"系统图

年来出现一种"恒温恒湿恒氧"的空调系统流行于一些高档住宅项目中，它是复合式冷热源+集中新风机组+户内辐射空调末端的集中系统形式，其户内末端是采用楼板埋管或敷贴在吊顶上的毛细管网的辐射式空调，号称可以做到人体最舒适的相对恒定的温湿度，实际是采用夏季17~20℃，冬季30~33℃的水为媒介，通过楼板或吊顶的表面向下辐射，追求夏季24~26℃，冬季20~22℃的相对恒定温度，其实是因为其末端形式制冷/热的功率小，响应时间长，无法实时调节。另外夏季制冷时楼板或吊顶表面温度低，容易结露，需要通过对新风进行除湿，以控制室内相对湿度。所以追求全时间、全空间地营造室内热湿环境的稳定舒适感，并且常常不允许用户开窗。

但是，这种"恒温恒湿恒氧"系统控制未考虑实际用户的性别、年龄、体脂率、代谢率和地域习惯与心理因素对温湿度舒适感觉的差异和用户的个性化调节需要。恒温恒湿空调也未充分考虑人体对热环境变化的自适应能力：人并非室内环境的被动接受者，而是会通过生理、心理及行为等多方面去主动适应环境，而这种相对恒定的温湿度会损害人体的自适应能力。

清华大学朱颖心教授团队曾通过人工气候室对比实验，发现整个夏季全天待在空调环境中的人群与每天接触空调环境不足2小时的人群相比，前者不仅对偏热环境的耐受能力差、不适感强，而且皮温调节迟缓、出汗率低，导致体

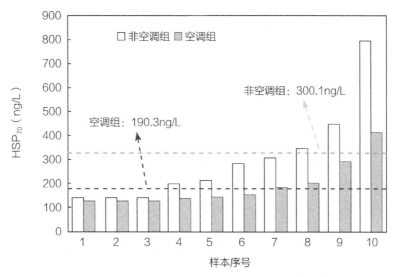

非空调组：300.1ng/L

空调组：190.3ng/L

图23 使用空调与不常用空调人的热应激蛋白（HSP70）在血液中含量对比

内代谢热难以散出，并且表征热应激和热适应能力的热应激蛋白HSP70在前者血液中的含量远低于后者。[1]结果表明：长时间逗留在恒温环境会导致人体的热应激能力退化。因此，让室内温湿度环境保持动态变化也是保护人体自身的调节能力。

荷兰医学教授Wouter van Marken Lichtenbelt在前人大量研究工作基础上，进一步指出：经常偏离不冷不热的环境对人体有好处。相对于所谓的"舒适温度"环境，温和的偏冷或偏暖的温度环境能促进人体新陈代谢，有助于平衡过度摄入的能量，从而起到抑制肥胖的作用（图24）。温和的偏冷环境还会影响葡萄糖代谢，2型糖尿病人连续10天间歇性地处于轻微的偏冷环境中会增

加其胰岛素敏感性，从而提高葡萄糖处理能力超过40%，这可媲美最好的药物或运动疗法。并且有迹象显示规则地暴露于偏热或偏冷环境中，心血管的各项参数可能得到积极的影响。但是这些事实并不意味着为了健康我们就必须忍受不舒适的热环境：延长在热舒适区之外的热暴露，会导致热习服，从而增加人体感觉舒适的热范围；并且在一个动态热环境中的低温或高温，可能会令人感觉是可以接受的，甚至是令人愉快的。[2]这些信息有助于支持健康、舒适和节能的室内环境设计。

基于此类理论研究，中冶置业集团联合清华大学创新研发了"适温适湿富氧"动态舒适的环境控制系统。相对于"恒温恒湿恒氧"技术，我们在理论

---

[1] JYu, Q Ouyang, Yingxin Zhu, H Shen, G Cao, W Cui, A Comparison of the Thermal Adaptability of people accustomed to Air Conditioned Environments and Naturally ventilated Environments. Indoor Air 22: 110-118 2012

[2] Wouter van Marken Lichtenbelt, Mark Hanssen, Hannah Pallubinsky, Boris Kingma & Lisje Schellen. Healthy excursions outside the thermal comfort zone. Building Research & Information, Volume 45, 2017 - Issue 7: Rethinking thermal comfort

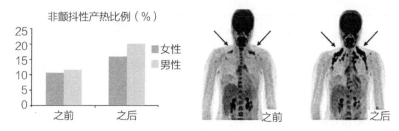

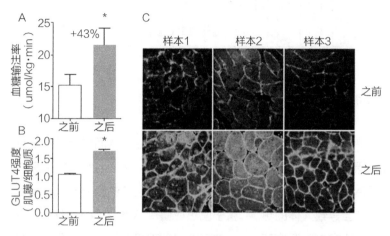

图24 冷习服之前和之后的无颤抖产热（Non-shivering thermogenesis NST）和褐色脂肪（褐色脂肪组织Brown Adipose Tissue负责人体无颤抖产热）活跃度（箭头所指）

图25 冷习服之前和之后的胰岛素敏感性和骨骼肌 型葡萄糖转运蛋白定位
A 衡量胰岛素敏感性的高胰岛素-正葡萄糖钳夹试验中的葡萄糖注输率群均数±标准误。
B 习服之前和之后在2型糖尿病人骨骼肌中4型葡萄糖转运蛋白易位，直观如C所示。
C 来自三个研究个体的具有代表性的骨骼肌组织切面中4型葡萄糖转运蛋白免疫标记的形象。4型葡萄糖转运蛋白是骨骼肌纤维中的胰岛素调节葡萄糖转运蛋白。图片显示冷习服后在细胞膜上有更多的4型葡萄糖转运蛋白。

基础与技术路线上都完全不同。我们认为，长期处于相对恒定的温湿度环境里，人身体的自适应能力会减退，降低抵抗力，不利于健康；而且，由于年龄段、体质情况和活动状态的不同，用户对温湿度环境要求也不同，因此我们将"恒"改为"适"。基于清华大学对用户环境满意度的大量调研数据基础上，作出一套智能系统，提供因人（对应房间）而异、因时而异的，以健康为原则的室内温湿度环境条件。其次，不同于"恒温恒湿恒氧"，这套智慧调节系统容许用户调节，也允许开窗，甚至在适当的时候主动提示开窗，而开窗自然通风比置换式新风等人工通风方式效率要高很多，利于迅速稀释空气中的污染物。第三，在冬季，开窗通风后，需要尽快恢复室内的温度标准，由于技术路线不同，"恒温恒湿恒氧"的系统只能提供大约50W/m²的功率，这是其不允许开窗的原因之一，而我们的"适温适湿富氧"系统，可以提供100W/m²以上的功率，可以在较短时间内就能恢复室温水平,这对于在冬季以开窗通风应对病毒性疾病来说也很重要。

对"恒温恒湿恒氧"系统,还有一个值得注意的问题,由于多数采用辅助冷热源,夏季可能会用到冷却塔,而冷却塔的冷凝水容易滋生军团菌,随着水汽的飘散,对附近的居民有较大的感染风险。有研究于2003年5月~2004年4月,采集空调冷却水、空调冷凝水、淋浴喷头水、加湿器水样,采用血清学与半套式PCR方法对水样进行检测。"调查结果显示,空调冷却水中军团菌阳性率为13.64%(12/88),且全部为嗜肺军团菌。国外有报道称,空调冷却水样中军团菌的阳性率约为30%~50%,广州报道的检出率为57.14%,杭州报道的检出率为31.58%,马鞍山报道的检出率为50.4%。Maiwald曾报道称,常规培养的军团菌阳性率约为60%~80%,而本次调查采用常规培养与PCR鉴定串联方法,其军团菌阳性率为8.60%,低于国内检出率,故可认为本调查得到的军团菌阳性率与有关报道基本一致。""从时间上看,5、6、7、9月空调冷却水中军团菌阳性率分别为100%(1/1),18.75%(3/16),22.22%(4/18),23.53%(4/17),且随着运行时间的延长,军团菌的检出率升高。这可能由于大部分空调冷却塔只在运行前进行消毒,在运行过程中只有部分单位进行了停机消毒,因此,增加了其被军团菌污染的可能

性。"[1]针对此问题,冷却塔的布置应远离住户和公共活动区,并对冷却塔、蒸发器、输送管道等定期进行消毒抑菌和清洗处理,维修人员操作时应做好个人防护。

5.2.4 控湿技术

细菌、病毒以及真菌的滋生与存活需要特定的湿度范围条件。有病毒学家指出,流感病毒和其他绝大多数病毒一样,都喜欢寒冷和干燥的空气环境。流感病毒在寒冷和干燥的空气环境中生存的时间要更长一些。而冬天干燥、寒冷的环境为流感创造了更好的传播机会。2007年,一个著名的"几内亚猪"实验验证了流感与温湿度的关系。该实验设置了有两组"几内亚猪"(Guinea Pig)的实验仓。一个是接种了流感病毒的,一个是等待传染的。

图27为2017年"几内亚猪"实验通过H3N2病毒验证了流感与温湿度的关系的论文《Influenza

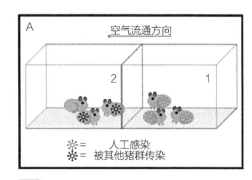

图26 "几内亚猪"传染实验示意

---

[1] 集中空调系统及其他生活环境水中军团菌污染状况. 徐瑛,侯常春,刘洪亮. 1001-5914(2007)02-0095-03环境与健康杂志2007年2月第24卷第2期 J Environ Health, February 2007, Vol.24, No.2

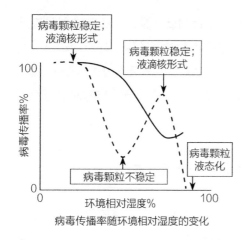

病毒颗粒稳定；
液滴核形式

病毒颗粒稳定；
液滴核形式

病毒传播率%

100

病毒颗粒不稳定

病毒颗粒
液态化

0

0   环境相对湿度%   100

病毒传播率随环境相对湿度的变化

图27 "几内亚猪"传染实验结果曲线图

Virus Transmission Is Dependent on Relative Humidity and Temperature》的结论原图。实线和虚线分别表示温度为5℃、20℃时随相对湿度变化而变化的病毒传播感染率（Transmission），在5℃低温实验环境下病毒的传染率整体高于20℃实验环境，两种温度工况在相对湿度低于35%及以下的条件下，病毒传染率接近100%。在5℃低温实验环境下，传染率随相对湿度增大而减少，在相对湿度80%时传染率下降为50%。在20℃实验环境下，病毒传染率在中等相对湿度（50%）下传染率最低的25%，在相对湿度80%出现第二次传染率高峰，并在之后随相对湿度升高而迅速下降。

结合另一篇耶鲁大学针对呼吸病毒传播的总结性论文《Seasonality of Respiratory Viral Infections》的相关

数据。通过综合几内亚猪和雪貂的实验结果，文章认为春秋季室内相对湿度在40%～60%状态下，病毒在空气中的稳定性和繁殖性，以及空气气溶胶浓度都处于低水平；在冬季室内相对湿度较低时（10%～40%），病毒的自身稳定性、繁殖性及空气气溶胶含量均处于高水平；在热带等温度高，室内相对湿度也较高的区域，虽然病毒的自身稳定性、繁殖性处于高水平，但空气气溶胶浓度处于低水平，病毒更多通过污染表面和接触传播。[1]

2013年，美国疾病控制与预防中心也研究证实，对于流感病毒而言，在20℃的环境里，如果相对湿度低于23%，一小时后，70.6%～77.3%的病毒仍有传染性。而当相对湿度提高到43%以后，一小时后，只有14.6%～22.2%的病毒还具有传染性。可见，提高相对湿度可以显著加快流感病毒的灭亡。[2]

室内相对湿度在30%～70%间对人体比较适宜，湿度超过80%会影响体温通过排汗等方式的正常调节，还增加风湿病、哮喘的风险。也会造成家具受潮、墙面发霉、地板结露、电气受损等其他问题。湿度过低同样也会引发哮喘等呼吸道疾病。随着人们生活水平的提高，越来越关注湿度对健康舒适的影响。随着技术手段的发展，住宅的湿度控制也有了推广的可能。在我国北

[1] Seasonality of Respiratory Viral Infections, Miyu Moriyama, Walter J.Hugentobler and Akiko Iwasakil, 2020-03, ANNUAL Reviews

[2] John D. Noti, Francoise M. Blachere, Cynthia M. McMillen, William G. Lindsley,Michael L. Kashon,Denzil R. Slaughter, Donald H. Beezhold。High Humidity Leads to Loss of Infectious Influenza Virus from Simulated Coughs。Published: February 27, 2013. PLOS ONE 8 (2): e57485

方，冬季寒冷干燥，采暖后室内的相对湿度更是常在30%以下，在北京，几乎春、秋、冬三季都需要加湿。从控制流感角度，北方采暖的同时应该同时进行加湿，冬季房间加湿到40%以上是非常重要的。目前家用移动式加湿器有工作效率低、各房间不均匀、占地面积大等缺陷。国际制冷学会成立了专门研究住宅湿度控制的工作组，由清华大学的王宝龙教授负责，主要技术路线是采用两个相互独立的系统，分别控制温度和湿度，满足多季节除湿要求，也减少再热的能耗。配合户式新风系统与空调，包含湿度监控设备，通过湿膜加湿/冷凝除湿等部分组成。加湿技术提高空气湿度利于降低空气中悬浮颗粒物沉降，而除湿又可以抑制霉菌滋生，特别是南方梅雨季的建筑首层和地下空间。基于生物医学专家给出的控制病原体的湿度条件的数据，我们可以主动调节湿度，从而实现抑制病原滋长。

5.2.5　厨卫排风

厨房排油烟与卫生间排风的窜风也很可能是户间病毒传播的渠道。

我国早期住宅采用油烟直排方式，即厨房油烟通过烟管从厨房窗户伸至户外，但对附近居室开窗有影响。目前我国普通住宅厨房排油烟系统采用"厨房末端排油烟机+公共排油烟竖井"的方式，每户排油烟机将厨房产生的油烟通过风扇施压后排放至公共烟道，由公共烟道通过烟囱效应扩散至室外。但住宅

开发建设普遍忽略厨房油烟井的科学配置，反而是厨电发展很快，排油烟机的功率越来越大，这给烟道带来很大压力，限于高层建筑烟道的排放能力，排油烟系统存在着"排烟不畅、回烟、串味"三大痼疾，始终难以被根治，进而造成室内空气污染。当多户同时排油烟时，烟道内的油烟反而会反灌进未开油烟机的住户室内。根据我们最新的一份调查问卷显示，有超过1/4的住户不做饭时能闻到其他楼层油烟串味。特别是高层住宅的低层住户，烟道止逆阀因多种原因关闭不严，导致闻到其他住户的炒菜味儿。可想而知，如果其中有病毒携带者做饭时开着油烟机打个喷嚏，排油烟系统会是个传染渠道。

排油烟系统性能是由油烟机、排烟支管、止逆阀设置、烟道构造与选型、屋顶风帽等多环节组成的综合性问题，各部件影响关系复杂，目前我国较少开展针对排油烟系统性的专项研究，主要是各部件自身性能的研究，比如排油烟机、排气道各自有标准或图集，但组合到一起效果如何鲜有测试评估；又受住房交付形式、采购和用户个性化使用需求等条件限制，开发商毛坯交房负责烟道和屋顶风帽，住户自己装修各自购买的厨电不同，烟机位置和型号不同，支管和止逆阀形式不同，也就没有对系统效果负责的主体，当然难说结果如何了。单就排气道来说，除国标图集以外，多地有各地方图集，还有一些厂家主导的特殊设计、特殊材料排气道的图集，现有产品标准、建筑标准之前存在一定

的壁垒。我们发现，不同图集对同样楼层高度范围住宅要求的排气道尺寸有较大的差别，而目前绝大部分项目均按照图集进行选型，却并未考虑配套设备的合理搭配，对住户自行安装的吸油烟机等户内设备更没有统一考虑并落实实施建议等工作。

可见，对住宅厨房排油烟系统整体性能的研究势在必行，应将油烟机、止逆阀、排气道、排气支管、风帽等一同纳入前期设计考虑的范围，提出设计参数、产品技术要求、安装方式以及测试方法等，以达到排油烟整体效果的最优。针对现状厨房排油烟的问题及其带来的户间传播传染病的风险，现给出如下几点注意事项：

（1）烟道施工严密性问题。烟道的加工制作和安装质量需严格控制，对进场的烟道进行质量检验，检查壁厚均匀、平整度，接口端头的平整度，安装施工对接严密，封堵密实，施工完成后应做严密性测试，严防漏风情况。

（2）排气道型式与截面尺寸的问题：考虑住宅的类型、层数、根据户型定位估算居住人口，考虑当地饮食习惯等因素，合理选择排气道型式和截面尺寸，烟道分为等截面单筒式、变截面式、子母式、变压式，有条件的应进行计算确定，不能计算的，除按当地规范图集外，建议参考《住宅排气道（一）》16J916-1给出的截面参考尺寸进行复核设计，条件允许的情况下可适当扩大截面尺寸。

（3）止逆阀问题：目前多数油烟机本身有止逆阀，与烟道主支管连接处止逆阀共两道，但往往仍然止不住串烟反味。一是要注意止逆阀与主烟道与支管之间安装的严密，止逆阀大小应与油烟机排气口直径保持一致，宜选用直径180mm，不得小于150mm，与油烟机及支管搭配得当；二是注意止逆阀应定期拆洗或更换，因其表面沾上油污，时间久了封闭不严，三是止逆阀型式选择注意有效开启截面，气流组织顺畅，少占用主烟道

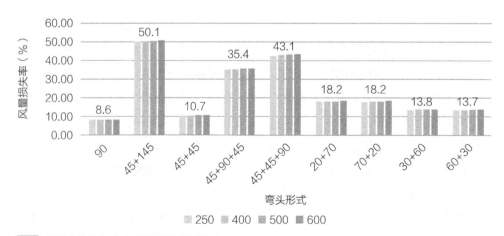

图28 排烟支管弯头形式对风量损失模拟结果

空间等，建议选用上开式止逆阀。

（4）排气支管安装问题：根据对排气支管安装路径、长度和弯头对风量损失的模拟计算，得知，多一个直接弯头时，局部静压损失远大于支管过长造成的沿程阻力损失。建议保证各层排气支管仅有一个90°弯头。而以两个45°弯或其他不同角度组合弯代替一个90°弯，风量损失反而更大。所以厨房设计应注意烟道与烟机灶具的关系，应使其位于同侧，不应在平面上再增加弯。

（5）屋顶风帽问题：这也是常被忽略的一个关键问题，按相关规范，风帽伸出屋面水平方向5m范围内不应有遮挡物，现实却是屋顶风帽安装位置随机性较大，安装高度不够和周边有遮挡的问题较为多发。屋顶风帽的型式选择有多种，6层及以下住宅建筑可选用普通混凝土盖板风帽（调研中我们发现没有基本配筋的水泥盖板在十年之间就风化变

图29 屋顶风帽安装不规范导致排烟不畅

图30 厨房排油烟的抽吸现象

酥，也应引起注意），6层以上建议选用变压式风帽或动力风帽，后者即整个排油烟系统升级为混合动力系统。这种屋顶的排油烟主机会对排气道中的油烟进行强抽，从而使排气道内形成负压，加强油烟被排出的效果。这种屋顶烟机还可对油烟进行二次净化，能降低住宅油烟对大气PM2.5的贡献值。但要对屋顶排油烟主机注意保养与维修工作，避免机器运行出现故障。

（6）室内气压平衡问题：室内排烟不畅也跟近年来随着节能保温要求的提升，外窗气密性提升有关，当厨房油烟机启动时，门窗的关闭无法给厨房提供补风，造成房子内部形成负压，甚至将卫生间排风道、密闭不严的下水道内空气反抽进户内，同样有污染空气甚至传染疾病的风险。有时我们不得不开窗避免油烟机宕机，但直接开窗，气流的无序组织可能给排油烟系统造成排风短路，并无益于提升排油烟的效果，所以厨房设计还应该考虑研究如何设置补风设施。

卫生间排风与厨房排油烟系统类似，也是由风道、支管、止回阀、风机和屋顶风帽组成，容易出问题的环节也类似。从冠状病毒的传染病来看，卫生间的传播风险无疑比厨房更高，但因没有厨房排油烟系统负荷大，排风需求没有那么明显，反而更容易被忽略。以笔者的居住经验看，有一些住宅卫生间排风不畅，直接封闭了自家排风口的，还有的装修师傅就忘了安装止回阀，因在

吊顶内，不容易被发现。从疾病传播角度来讲，风险更大。

近日，流体物理学国际权威期刊 *Physics of Fluids* 在线发表了扬州大学"微尺度流动传热与能源高效利用"科研团队的相关研究成果。在这篇题为《从流体力学的观点剖析马桶能否促进病毒传播？》的论文中，研究团队提出，冲马桶时不合盖，马桶冲水过程中产生的湍流会将病毒抬升至头部高度，从而可能让人吸入水雾中的病毒。因此如果新冠病毒携带者如厕，马桶冲水过程有可能导致交叉感染新冠病毒。该研究使用CFD方法来阐明冲厕如何促进病毒传播。模拟了两种不同类型马桶的冲洗过程（单入口冲洗和环形冲洗），尤其是研究了冲洗过程中的流体流动特性和气溶胶颗粒的运动。几个令人震惊的结论可以总结如下：

- 两种冲洗方法均会产生强烈的湍流。
- 产生高达5m/s的上升速度，这肯定能够将气溶胶颗粒排出马桶。
- 大约40%~60%的颗粒物会上升到马桶座圈上方，引起大面积扩散，这些颗粒物的高度离地面106.5cm。
- 即使在后冲洗期间（最后一次冲洗后35~70s），扩散颗粒的上升速度也可以达到0.27~0.37cm/s，并且它们会继续爬升。
- 数据分析表明，给定相同量的水和相同的重力势能，环形冲洗会导致更多的病毒传播。❶

---

❶ 友绿网公众号 2020.6.26日文章"冲马桶到底会不会传播病毒？这篇论文给出了答案"

面对这个令人震惊的结果，我们知道共用卫生间是个传播传染病的渠道，我们建议，传染病患或疑似病例居家隔离应该单独使用卫生间，没有条件的，病患使用后冲洗前应放下马桶盖，冲洗后要仔细洗手，应开启卫生间排气扇经一定时间间隔后方可为其他人进入卫生间，再次使用前清洁马桶座圈。另外，有些智能马桶带有自动吸气、过滤除臭的功能，但其是否可以过滤带病毒细菌的气溶胶，尚没有相关报告，相关厂家机构可以进一步研究。

综上，厨卫排风系统应该作为一个重要课题引起相关部门重视进行专题研究。

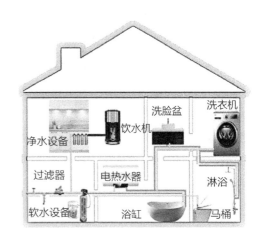

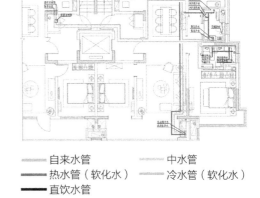

—— 自来水管　　　　—— 中水管
—— 热水管（软化水）　—— 冷水管（软化水）
—— 直饮水管

图31 户内水系统示意图

5.3 用水卫生安全

住宅户内的用水点位包括厨房的自来水和直饮水，卫生间的洗手盆、洗澡用水，马桶冲厕用水，冲扫墩布用水，洗衣机用水等及其各自的排水，水的种类包括自来水、经过粗过滤、软化水、和深度处理的直饮水，又分冷水、热水，以及废水、污水和再利用的中水。这些不同种类的水与对应用水器具连接设计、实施准确，比如经软化后的热水应供应至洗澡、洗手盆和洗菜盆，这在我国建筑产业化程度、装修管理水平的现状下并不容易。可以想见，从防疫角度，户内的水系统也会存在一些隐患。

5.3.1 水质保障

市政自来水与小区二次供水系统的卫生安全是避免以水为传播媒介的传染病暴发的关键，而户内的水质净化系统是在公共水安全的基础上，对水质的进一步提升。

北方地区多地水源水质偏硬，直观感受是水烧开后能看到漂浮杂质，实际为钙、镁化合物析出，同时会给水壶结垢。为使家庭用水舒适，保护用水器具，避免管壁结垢，喷头、洁具堵塞，同时也对皮肤、头发好，洗过的衣服更柔滑，应进行适度的软化。家庭用水软化后的硬度指标建议为75~100mg/L（以碳酸钙计）。硬度指标不宜过高同时也不宜过低。使用软化水的部位为洗脸盆、浴缸、淋浴、洗衣机、智能马桶盖。使用过程中对硬度没有要求的位置应直接采用自来水，如厨房的洗菜盆。供人们直接饮用、烹饪的水应采用直饮水。

末端全屋净水系统一般由前置过滤系统+中央净水+中央软化水系统+直饮水系统组成，系统流程示意如下：

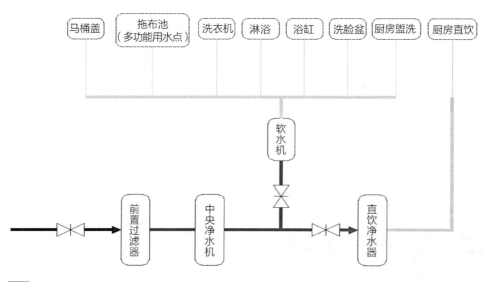

图32 全屋净水系统

全屋净水系统可根据项目需要灵活选择不同的工艺组合。例如可直接采用前置过滤+中央软水+末端直饮水或者直接只设置末端直饮水机。可参考表3：

全屋净水系统方案　　　　　　　　　　　　　　　　　表3

适用建筑类型	净水系统工艺组合方式	最小软化水量	直饮水水量
≤80m²住宅	前置过滤+末端直饮水	1.42 m³/h	1L/min
80~120m²住宅	前置过滤+中央软水+末端直饮水	1.69 m³/h	1.5L/min
>120m²住宅	前置过滤+中央净水+中央软水+末端直饮水	2 m³/h	2L/min

前置过滤器是把好全屋水处理第一关，过滤90μm以上大颗粒物，去除铁锈、泥沙、悬浮物等二次污染物，使进户水达到自来水公司出厂时的标准，为后续处理系统提供安全保障，延长后续设备的使用寿命。

中央净水机主要通过KDF过滤及活性炭吸附对全屋水净化处理，有效去除水中余氯、三氯甲烷、四氯化碳、重金属（如铅、水银、砷、铬等）、异味、各种有机物和化学物。其中内置活性炭滤料应为食品级活性炭滤料。此步过滤为洗脸、洗澡、洗衣等接触皮肤的用水提升水质，但尚达不到直接饮用水的标准，设备较贵，也占用一定的空间，一般在高档住宅中使用。

中央软水机通过离子交换原理，去除去水中的钙镁离子，软化水质，有效控制出水硬度，从而防止管道及设备结垢造成阻塞和损坏，提供更舒适的生活用水，有效节省洗涤剂用量，洗后衣物柔软、色泽鲜艳。软水机应采用高品质均粒树脂，交换能力强，不易破损，再生性能好。软化水装置停用再次启动前应对树脂进行一次再生处理，防止再生树脂滋生微生物。

直饮机/纯水机采用超滤、纳滤、反渗透等方法，去除水中有害物质，出水水质优于国家直饮水水质标准。即开即饮、避免二次污染。直饮水设备需具有监测出水水质、滤芯更换提示功能。建议选择标准通用滤芯类型，维护更换便捷。

直饮水设备核心处理单元分为物理过滤、反渗透（RO膜，滤除精度为0.0001μm）、纳滤（NF膜，滤除精度为0.001μm）等方式。

很多家庭还用桶装水代替直饮水机，桶装水开盖后建议一周左右用完，时间长了也容易滋生细菌，影响水质。直饮水机是用的随时流动的水，因此不容易滋生细菌。实际上直饮水机在经济上也比桶装水更划算，还节省空间。

有一点值得注意：水的滞留易滋生病菌。"4、7、8月淋浴喷头水样可检出军团菌，检出率分别为25.0%（1/4），14.29%（1/7），7.69%（1/13），且均为3日以上无人入住的房间。这表明，气温较高、多日不用的淋浴喷头易造成军团菌污染。由于淋浴过程中，容易产生可吸入的雾滴，故其危险性极大。在对多起散发的军团病个案的分析中，患者家中的淋浴喷头均分离出了大量嗜肺军团菌。"[1]，淋浴的水温正是军团菌适宜生长的温度，如果用过隔几天不用，比如外出度假回来，建议先排掉淋浴水管内的水。

另外，家里某个卫生间长期不用，水长期停留会不会滋生细菌，多久会滋生细菌，没有找到相关的实验数据。安全起见，多个卫生间的住宅给水干管可以布成环状，这样有一处用水其他地的水也可以流动起来。

户内水龙头、角阀等应选择优质材质的产品，优先选择铜芯产品，有抑制细菌滋生的作用。对于家中的水龙头等出现生锈掉漆等现象时应及时

---

① 集中空调系统及其他生活环境水中军团菌污染状况 徐瑛，侯常春，刘洪亮 1001-5914（2007）02-0095-03 环境与健康杂志 2007 年 2 月第 24 卷第 2 期 J Environ Health, February 2007, Vol.24, No.2

更换，水龙头出口的滤网应定期拆卸清洗。

户内马桶水箱倒流污染给水管道的事件时有发生，因有住户在马桶的水箱里放蓝色洁厕块，在其他出水口出现"蓝水现象"而被发现。这是由于（停水等原因）供水系统管道内压力不足或产生负压，这时如果上层住户水箱进水阀未设防虹吸回流装置，进水管淹没出流（出现虹吸回流）。马桶水箱应采用专用冲洗阀与管道连接，并定期检查，出现故障及损坏时，应及时维修及更换，采用专业的冲洗阀，不得自己随意修改。

5.3.2　排水安全

人类粪便引起的各种疾病夺去了无数人的生命。一克粪便中含有1000万个病毒、100万个细菌、1000个寄生虫包囊、100个虫卵。❶

为解决排水噪声和维修的隔层影响，现在很多开发商都采用了同层排水方式，但其实卫生间还有很多问题值得深入研究，据调研，十年内有超过一半的卫生间出现渗漏现象，下水管堵也很麻烦，以及下水返臭气的问题等。中冶置业集团曾联合国家住宅工程中心研发并调研多家厂商的产品技术，推出防漏、防堵、防臭、洁净、静音的卫生间整体设计。可以说，卫生间的"洁静"水平是住宅性能的重要指标。

据国家"十二五"水专项课题《建筑水系统微循环重构技术研究与示范》课题组的调研，70%以上的卫生间有返臭气的问题，结合对冠状病毒气溶胶传播的认识，这不仅是舒适度的问题，而且是事关安全的问题。室内环境与排水系统内的污染环境相连通，使细菌、病毒以及其他微小颗粒物等以气溶胶形式反溢出来，威胁居民身体健康。2003年SARS以后，就有专家明确提出了疫情重灾区香港淘大花园下水系统传播路径。世卫组织环境卫生调查小组2003

图33　"洁静"卫生间

节约使用空间　系统整体防臭　系统节水　防漏安全　超静音冲水效果　易打扫　防漏　防堵　防臭

❶［英］罗斯·乔治. 厕所决定健康. 吴文忠，李丹莉译. 北京：中信出版社，2009

年5月16日发表的调查报告表示，淘大花园E座3月底的不寻常爆发，可能由下列四个环境及卫生因素造成：①多个单位的连接地面排水口的U形聚水器长期干涸，令聚水器失去作用（聚水器的设计，是在贮满水时防止污水倒流，形成地面排水口和排污渠之间的屏障。其实就是我们所说的水封）；②在浴室门关上时，开动的浴室抽气扇，可能把受污染的"液滴"从排污渠倒抽进浴室内；③浴室抽气扇开动时，可能把浴室内受污染的"液滴"带到"天井"，令受污染的空气透过打开的窗户，进入相隔数层的单位；④3月21日黄昏，淘大花园E座曾暂停厕所水供应16小时。[1]此次新冠疫情，也有专家提及气溶胶粪口传播。钟南山院士2020年1月28日在广东省政府新闻办公室回答记者提问时表示，一些容易被忽视的感染途径仍然要引起重视。他特别提醒，保持下水道

通畅极为重要。"新冠病毒也应该注意这个问题。我们已经从粪便中发现活病毒……（病毒）不是通过消化道吃进去，而是粪便等污染物在下水道干了，里面带有病毒，通过空气出来，也可以说是气溶胶，再被人体吸入。这是最合理的解释"。[2]

我们分析排水系统反臭气原因，主要原因在于水封的破坏。根据《建筑给水排水设计标准》GB 50015—2019第4.3.10条规定：构造内无存水弯的卫生器具或无水封的地漏及其他设备的排水口或排水沟的排水口，在与污水管道连接时，必须设置存水弯。第4.3.11条：水封装置的水封深度不得小于50mm，严禁采用活动机械活瓣替代水封，严禁采用钟式结构地漏。老旧房屋还有继续使用的，应该及时更换，关于设置地漏的部位，《住宅建筑规范》GB 50368—2005第8.2.8条规定，设有淋浴器和洗衣机的

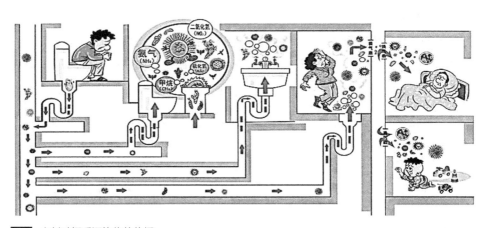

图34 水封破坏后污染物的传播

---

❶ 中国新闻网，世卫公布淘大花园调查结果：四因素造成非典爆发，2003年5月16日。http://www.chinanews.com/n/2003-05-16/26/303804.html
❷ 2020年1月28日广东省政府新闻办公室举行疫情防控例行新闻发布会，钟南山院士对公众关心的疫情问题做出回应，强调保持下水道通畅极为重要，呼吁要做好下水道的通畅和清洁，最大限度减少传染的风险。21CN新闻 http://news.21cn.com

部位应设置地漏。但并非卫生间内所有功能区域都需要设置地漏，卫生间干区的地漏是干涸反溢风险高发部位，同样道理，住宅厨房也应不设置地漏，使用中的要注意及时补水避免干涸，特别是采用地暖的，干涸较快。对于老旧小区在上述位置误设地漏的，建议加以封堵。

马桶、浴缸、墩布池等器具内部构造本身就有形成水封的S形排水管路，但是必须注意长时间不用导致自然干涸的问题，若有这样的现象，可以及时补水形成水封或干脆封堵。手盆（包括厨房水盆）下面应有带S弯的下水管，但是目前普遍存在装修施工的不规范造成疏漏：S弯漏装或装得不规范导致水封不足5cm，更常被忽略的问题是细管径的塑料下水管直接插到建筑预留的50直径的下水管中且未做专业封堵。使洗手盆下水管与预留管道之间留有缝隙，造成反味，蟑螂乱窜。这里应采用专用的配件，进行正确的连接，保障管道密封。

除了蒸发干涸以外，造成水封破坏的原因还有自虹吸和诱导虹吸，以及排水系统设计不合理产生的气压影响。自虹吸是指洗手盆、浴缸拔掉盆塞时，水

图35 装修施工的不规范导致下水反味问题

迅速排除，形成涡流，带着惯性，直至将U形/S形弯中水封一并排除的现象。对此应在水排干后再补水。诱导虹吸指的是其他排水器具排水时造成该器具水封破坏。居民使用中要注意避免快速大流量排水，如将一大盆废水倒入马桶冲走等做法。

排水系统的合理设计是保障排水通畅、管道气压平衡水封不被破坏，从而确保排水管道系统卫生安全的关键。系统性地提升排水系统排水能力，有效降低系统性正压喷溅与负压抽吸效应，确保水封存在，提升排水系统的卫生安全性能。

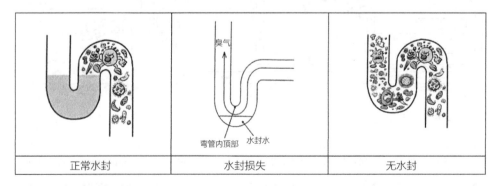

图36 水封失效的危害示意

健康住区防疫 ABC

我国住宅排水常采用一根排水管加一根通气管平衡压力的双立管形式。排水的通气平衡应采用设置专用通气立管的方式，为进一步做好排水立管顶部负压及底部正压形成的防护，可在不同楼层排水横管上及器具排水管上设置吸气阀及正压缓解器。对于设有通气立管的住宅底层排水系统推荐单独排放，减少由于顶层住户不正确使用排水管道系统对底层住户的影响。

还有特殊单立管系统，如苏维托特殊单立管系统、AD型特殊单立管系统、集合管型特殊单立管系统等，设计、施工可按照相应的行业协会规程执行，注意不是采购安装部分零部件就可以，应系统地按照工艺流程实施到位。

中冶置业集团委托国家住宅工程中心，通过搭建1:1足尺的试验系统，试验方法和判定标准根据行业标准《住宅生活排水系统立管排水能力测试标准》CJJ/T 245—2016。采用定流量法时，排水系统内的压力波动不得超过±400Pa。通过系统形式、管材、管件的合理搭配，针对不同建筑高度的住宅，我们总结出了2种高性能等级的排水系统方案，实验结果对比得出，高层住宅中采用带有加强型旋流器+大曲率扩径弯头的特殊单立管系统较配置专用通气系统的双立管系统，排水性能更好：系统最大排水能力提升了约一倍，系统卫生安全度也提升了一倍，达到了A级，见表4所示。

排水系统性能足尺实验结果对比 表4

| 建筑高度 h（m） | 性能等级 | 排水系统类型 | 排水立管 | | 通气立管 | | 三通 | | 底部弯头 | 排出管管径（mm） | 卫生安全度 | 其他 |
			管径（mm）	管材	管径（mm）	管材	三通类型	要求				
h≤27	1	伸顶通气单立管系统	100（110）	铸铁管	—		顺水三通	—	大曲率半径弯头	150（160）	1.58	
	2	伸顶通气单立管系统	100（110）	PVC-U光壁管	—		顺水三通	—	大曲率扩径弯头	150（160）	1.43	
27<h≤54	1	特殊单立管系统	100（110）	加强型内螺旋管（12旋肋）	—		加强型旋流器	导流叶片数为6	大曲率扩径弯头	150（160）	2.81	I 型
	2	专用通气系统	100（110）	PVC-U光壁管	75	PVC-U光壁管	顺水三通	—	大曲率扩径弯头	150（160）	1.60	结合通气管每层连接
54<h w<100	1	特殊单立管系统	100（110）	加强型内螺旋管（12旋肋）	—		加强型旋流器	导流叶片数为6	大曲率扩径弯头	150（160）	2.58	II 型
	2	专用通气系统	100（110）	PVC-U光壁管	100（110）	PVC-U光壁管	顺水三通	—	大曲率扩径弯头	150（160）	1.50	结合通气管每层连接

针对既有建筑卫生间的渗漏和反溢而带来的交叉感染隐患，应及时检查户内卫生器具排水是否具有水封及排水管道接口是否密封。对于没有水封、水封不完整、有漏水现象及管道连接不严密的地方，应更换为带有完整水封的排水管件或将排水器具封闭（胶条密封等措施），漏水处应及时修理，管道连接不严密的应采用规范的密封措施。具体检查部位及操作建议如下：

（1）洗手盆（台面）下部排水管；

（2）洗脸盆下部排水软管与排水横管连接处；

（3）上层卫生间蹲便器排水管（异层排水通常在吊顶内）；排水、透气立管检查漏点，可用肥皂水刷；

（4）拖布池排水管（如有）；

（5）地漏水封；不经常排水的地漏，如卫生间干区、厨房、阳台上的地漏。用塑料袋装水、沙临时堵上或永久封上；

（6）空调凝结水排水管；

（7）厨房排水横管与厨房排水立管连接处；

（8）洗手盆使用时尽量不采用盆塞，盆塞拔开放水形成自虹吸易造成水封损失，如果保洁清洗必须采用盆塞时，拔开盆塞放水后要用细水流把水封充满；

（9）浴缸定时补水，洗澡完放水后要用细水流把水封充满；

（10）暂不使用的卫生间，应对各个器具的做临时封堵。

5.4 健康光环境

伴随人们对健康和居住环境品质的追求不断提高，健康光环境的概念于近年被提出。伴随第三类感光细胞和非视觉通路的相继发现，健康光环境的范围从光照品质及视看要求拓展到人体内在的光生物学要求。研究表明，光会对褪黑激素的分泌产生抑制作用，影响体内褪黑激素水平，进而影响昼夜节律（被称为司辰视觉）。通过接收自然界的光照刺激，司辰视觉调节人体相关系统的昼夜节律，使其与自然界昼夜节律相吻合。在白天较明亮的环境中，褪黑激素分泌下降，减少睡眠；而在昏暗环境中，褪黑激素分泌增加，促使健康睡眠。光还会影响激素皮质醇等的分泌和与之关联的生理节律系统，影响体温、血压、心率，影响人的觉醒度和情绪等。通过调节照明环境，可以有效地调节人体的觉醒度和情绪状态，使人在白天保持较高的觉醒度，而在午夜时处于最低水平。此外，光作为一种治疗手段，在治疗精神和情感障碍、睡眠障碍、自身免疫性疾病、痴呆、皮肤病等方面皆有不错的效果。

因此，一个拥有光健康概念的照明环境，在满足使用者基本视觉功效的基础上，还应对使用者的生理节律、心理情绪等起到积极有效的调节与干预。健康光环境的范围应以视觉舒适和生理健康为核心，以心理健康和社会健康为外延。

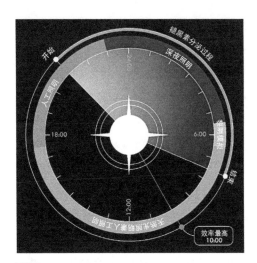

图37 光线应用与人体生理节律

5.4.1 合理照度与光色

很多人听说过电子屏幕的光对人的影响，例如在夜晚关灯时使用手机，其屏幕的蓝光对视力影响很大，且可能影响人的睡眠，甚至加速衰老。因研究电子屏的视觉影响促进了电子产品显示技术的发展，相对来说，建筑内的光环境还远没有引起人们的足够重视。我国电力照明普及不过几十年，随着生活水平的提高，人们追求照明亮度的提升，殊不知，过亮照明也会造成视疲劳等不适，影响健康。

人的一生大约有80%以上的时间在室内度过。住宅作为人们重要的日常生活空间，承载着日常起居、饮食、洗浴、就寝、工作学习等职能。特别是在疫情期间，当人们被要求长期居家隔离，如何保证生活起居规律不紊乱，同时舒缓隔离的焦虑、恐慌等负面心理情绪，光的运用可以起到重要的作用。良好的住宅照明设计可以减少对身体昼夜节律系统的干扰、提高工作效率、帮助获得良好的睡眠质量和情绪状态。

人的眼睛是适应自然光条件进化而来，所以住宅建筑最好的照明设计是充分利用自然光。以自然光氛围提升白天的觉醒度，从而提升工作、学习的效率。照明设计应根据自然光在室内的分布，以遮阳等手段减少阳光直射，并造成一些反射、漫射光为建筑内部增加自然光照，在此基础上，根据使用需要局部补充人工照明。室内主要活动空间通过调节亮度和光色，配合进入室内的自然

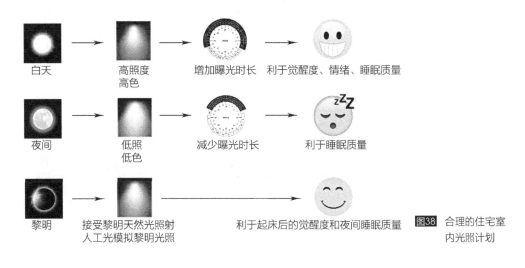

白天　→　高照度 高色　→　增加曝光时长　利于觉醒度、情绪、睡眠质量

夜间　→　低照 低色　→　减少曝光时长　利于睡眠质量

黎明　→　接受黎明天然光照射 人工光模拟黎明光照　→　利于起床后的觉醒度和夜间睡眠质量

图38 合理的住宅室内光照计划

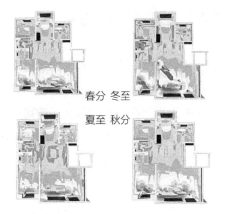

春分 冬至

夏至 秋分

图39 自然光在室内的照度分布模拟

光线，营造自然光氛围。可设置日光感应系统进行控制协调。在上午9点到下午1点之间提供高光照水平和中性偏冷色温，在晚上8点后可以降低照度水平，并提供暖色温环境。

人工照明应尽量避免直射光，避免炫光。采用间接照明为主，用暗藏灯带向顶棚照明再经顶棚漫反射下来形成柔和的整体亮度，如图40为某样板间卧室设计，主造型吊灯也采用向上打光，避免了直射炫光，辅助以局部照明，如床头灯、台灯为睡前阅读提供照明功能，墙上艺术品以射灯局部照亮。但如果以床头正上方吊顶的筒灯作为阅读灯，则是十分不舒适的照明方式。

年纪大的人有起夜的需求，起夜灯需保证低照度低色温，不给人过度的光刺激引起兴奋，使起夜后还能迅速恢复睡眠。需严格控制眩光，确保使用者的夜视能力。老人使用房间的夜灯可与门套相结合布置，形成横、竖向线性光带，有利于平衡感衰退的老年人控制自身定位，减少摔倒的风险，同时也指明门的位置。走道的夜灯在地面以上300mm高向下照亮地面，或结合踢脚线设置光带。卫生间的夜灯可与洁具相结合布置，显示出洁具的轮廓。夜灯可连接传感器，实现与人行为模式的交互，如感应到脚落地则夜灯自动亮起，同时床头设置一键手动开关，增加使用的灵活性。

图40 某样板间卧室设计

图41 起夜照明示意图

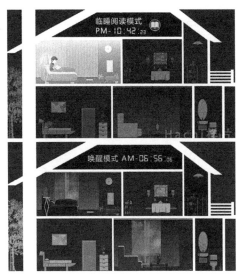

图42 光引导入睡与唤醒示意

5.4.2 光引导规律作息

响应人体生物节律，关注视觉和空间定向安全，并且呼应信息化时代个性化和情感需求，是健康光环境照明设计的出发点，灵活智能的控制系统是实现设计的保障。过去我们通过面板或遥控器对单个灯具进行一对一的开闭控制和亮度调节，现在，我们可以将空间内所有灯具以及电动窗帘设备接入集中智能控制系统，将灯具灵活分组，并由多个灯具组的不同状态组合为特定的照明场景，控制面板不再是开关这么简单，而是选择照明的场景模式：比如标准模式，即正常照度；阅读模式，即局部重点照明；睡前模式，即用暖色光逐步降低亮度直至熄灭；起床模式，即以灯具的缓慢亮起配合窗帘的分步式开启，模拟黎明的天光，用光线唤醒。

图43 响应自然光光色的灯光控制示意

在疫病流行期，居家隔离是每个人配合防疫战争的有效措施。如何在居家隔离期间保持良好的作息规律，找到良好的办公和学习状态，并与生活休息状态之间自然转换，是很多人面临的难题。我们研发的健康光环境系统，通过光的科学运用，能有效地调节人的作息，从而帮助人们保持良好的身体和精神状态。具体应用场景包括入睡引导照明与唤醒照明。

使用者可设置睡眠和起床时间，来控制唤醒照明与入睡照明自动作用。夜晚，通过设置入睡时间（如10：00PM），系统自动在9：40PM慢慢将色温从冷变暖（如从5500k到4000k再到2700k），从亮到暗，直至主灯熄灭，可以配合舒缓音乐的陪伴，引导安详入睡。早晨，唤醒照明缓缓亮起，继而窗帘徐徐打开，让主人设定的7：00PM起床的光如同太阳刚刚升起的晨光，可以再配合新风系统和音响效果，在声、光、风的感知下，主人在鸟语花香中自然醒来，而不是被恼人的闹钟吵醒。

第 **6** 章

智慧技术应用

互联网、物联网、大数据、云计算、人工智能、5G，智能、智慧是近年来发展最快的科技，从数字化到智能化，再到智慧化，已广泛渗透于各个领域，在此次新冠病毒疫情的防控中，也发挥了非常重要作用，但在应用于住区建设中，还是相对落后的，房地产开发行业需要积极拥抱新科技，不仅是建立高配置的智能网络、安装先进的智能设备、借助云端的强大运算能力，建设宏大的平台，更关键的是以需求拉动技术，要践行"美好城市生活的创建者"的责任，房地产的研发要挖掘居住者的需求，开发应用场景，以这些智能科技的硬件基础和技术手段形成相互关联的系统，去满足美好生活需要。并且，智慧社区的建设更需要运营管理好，并向建设和开发端反馈，提出需求和建议。如何充分发挥出智慧社区的功能，需要物业管理团队对智慧社区的架构有充分的理解，对智能设备包括终端软件熟练掌握，在这方面，有更多的人才缺口和需要完善的管理体系建设。

在卫生防疫安全方面，智慧社区的开发、建设、运营的各个环节紧密协作，利用好智慧社区平台本身的能力，有针对性地搭建防疫联动系统方案，并制定日常卫生安全管理和疫情爆发应急使用的操作流程，可能并不需要增加多少成本，就可以让智慧社区发挥出越来越重要的作用。

近日，日本藤泽SST（可持续发展智慧城镇）建成，对我们有所启发。这个占地19.3ha，有1000户居民的社区距离东京站50km，藤泽SST原址曾是松下株式会社（下称"松下"）首个设立于关东的工厂，工厂废弃不用后，松下公司与藤泽市政府于2014年共同推动了智慧城市项目的建设，希望打造一个"以生活为起点的可持续发展城市"。基于舒适住宅和未来生活模式的智能社区生活方式，为整个小镇设计了住宅、公共设施等智能空间，建设可持续发展小镇，让居民在安全保障的前提下，拥有生态友好、自然舒适的生活方式。在能源、安全、交通、健康、交往五大方向进行统筹建设管理。

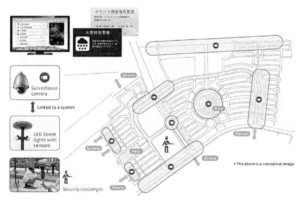 

图1 藤泽SST全景图

在安全方面，藤泽SST提供日常支援系统，提高市民的警觉性，高效使用硬件的意识，做好应急准备，在紧急情况下最大限度地使用市镇设施。以10到20个家庭组成一个互助小组，参加城镇管理公司组织的季节性或防灾活动。居民通过交流加强团体联系，深化合作，这将有助于他们在紧急情况下的合作。城镇管理公司将支持房屋和城镇能源相关设备的运行，以持续维护和改进应急硬件。建立防灾推送通知电视系统，当居民观看节目或处于待机模式时自动显示警报。该电视系统还将用于紧急情况下的安全确认、城镇事件的通信或与社区公共事务相关的投票。藤泽SST的LED路灯，在夜间无人时，会保持较暗的基础照明，当行人或汽车被传感器检测到，则将提升亮度，提供安全的足够

图2 藤泽SST五大管理要素

的照明，不仅照亮当前区域，而且能根据检测到的移动方向和速度，照到前方路面，从而实现安全和生态友好。通过限制小镇的出入口，小镇内道路的监视摄像头和灯光，以及在住宅内，集成家庭安全系统中的入侵检测、火灾检测和紧急警报等功能来提供全面的安全防护网络，再加上由系统综合网络确保的没有任何盲点的巡逻保安服务。

藤泽SST从与环境和能源相关的目标开始，项目将CO_2排放减少70％，将水消耗减少30％，可再生能源的使用至少占总能源消耗的30％。在能源、交通、水、垃圾处理、防灾减灾等基础设施，以及教育、老龄化对策（看护、医疗）、治安、国际化等民生基础方面，即在各项城市功能、活力方面，日本通过应用ICT（Information Communication Technologies），实现城市和地域的管理机制的高效化，并提高市民的生活质量，实现高效、节能、绿色、环保的低碳城市目标。

目前全球各国都在智能科技上有很多投入，有很多厂商参与其中，但各种产品、系统有各自的通信方式，如何整合联通是一个普遍性的挑战，因此建立相应的协会组织，形成统一的标准是一项重要的工作，如日本智能社区联盟（JSCA）于2010年4月成立，是行业和政府的合作机构。澳大利亚于2016年组成智能社区协会（ASCA），为社区如何建设宜居、可持续、可行的智能城市提供便利、促进和建议，并在当年发布了第一版《智慧社区创建指南》。另外国际上智慧社区建设大多基于绿色、可持续的目标，尚未看到应用于公共卫生防疫方面的成套方案。

我国的智能应用技术基本与国际发达国家同步，全国智能建筑及居住区数字化标准化技术委员会（SAC/TC426）于2009年成立。我国住宅建设也很早开始了应用智能设备系统，借鉴甲级写字楼5A标准和星级酒店的智能系统，现在，电话网络等弱电基础设施和智能门禁、周界报警、视频监控等系统已经很成熟，发布了《公共安全视频监控联网系统信息传输、交换、控制技术要求》GB/T 28181、《入侵报警系统工程设计规范》GB 50394、《视频安防监控系统工程设计规范》GB 50395、《出入口控制系统工程设计规范》GB 50396等住宅安防方面的有关规范，而对各弱电子系统集成的标准是2006年发布的《智能建筑设计标准》GB 50314，该标准于2015年修订再次发布，除规定了智能化系统的设计等级、架构规划和系统配置等一般要求外，对包括住宅建筑在内的十余种建筑类型分别做了规定，因此对住宅智能应用的要求篇幅不多，也是基础的规定。2018年，中国工程建设协会标准《智慧住区建设评价标准》T/CECS 526—2018发布，对智慧住区建设有一定指导意义。2019年10月，由全国智能建筑及居住区数字化标准化技术委员会（以下简称智标委）负责组织编写的国标《智慧城市 建筑及居住区综合服务平台通用技术要求》GB/T 38237—2019发布，于2020年5月1日实施，该标准全面地规定了智慧城市建设下的建筑及居住区综合服务平台的体系架构和功能要求、系统配置要求和安全要求等。目前，智标委指导各地建设一批智慧住区试点应用项目。

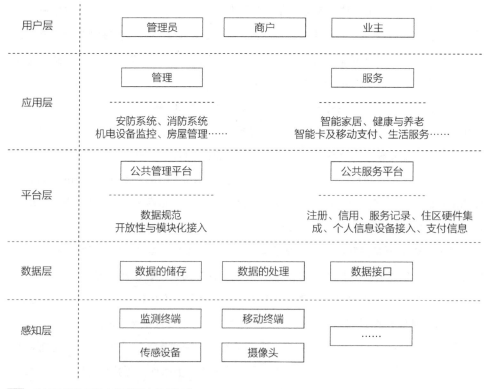

图3 建筑及居住区综合服务平台体系架构

近几年，在大数据、5G等科技推动和渗透下，房地产行业也主动迎合，智慧住区建设迎来了大发展，相关标准规范其实是较市场滞后的。据统计，目前百强地产公司中有87家已经开发了企业的智慧住区服务平台和业主的APP[1]，每一家侧重的功能都不同，如万科集团的"住这儿"APP侧重于物业基础服务，"千丁""绿城生活"等侧重于社区O2O、线上商城资源对接等[2]。中冶置业集团与阿里云合作，利用IoT物联网平台能力及渠道资源，开发了中冶置业6S智慧社区，包含智能家居、智慧园区、智慧安防、智慧节能、智慧康养、智慧物管六大功能板块。打造方便成熟的智能家居应用、智慧社区应用及市场解决方案，形成家庭设备连接、控制自动化、数据挖掘分析、健康医疗、社区服务、社区安全等IoT生态系统。其中体系层级架构和开发订制逻辑，不仅符合国家《智慧城市 建筑及居住区综合服务平台通用技术要求》中关于体系架构及功能要求，而且在数据层设立数据风控、云防火墙保护业主数据安全，应用服务层设置大数据计算服务对感知层上传的数据进行大数据分析和处理，应用层紧随科技发展脚步，联合语音服务和人脸识别等前沿功能。应对此次疫情，在门禁和梯控的无接触通行、智慧视频监控人群聚集、业主手机APP的通知公告疫情等方面初步发挥出了作用。

当今，智能科技已经从早期的智能单品，发展到带有传感—运算—指令—执行的多种设备联动，到现在形成多种系统集成通过算法组合联动的复杂系统平台。未来，智慧

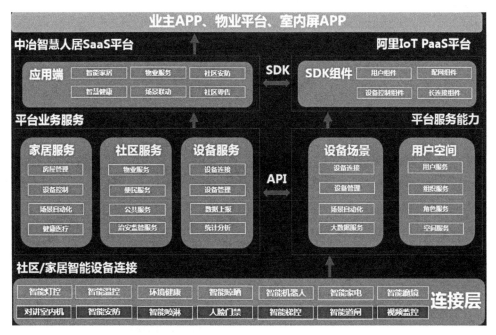

图4 中冶置业集团智慧社区核心后台技术架构图

[1] 杭州筑家易科技有限公司提供数据
[2] 因APP更新迭代快，此描述基于一定时间内的调研体验

科技在住区防疫领域，在监控环境卫生、追溯传播轨迹、组织流线避免交叉感染，以及引导人们健康生活方式和关爱弱势群体等方面必将发挥出更大的作用，智能家居、智慧社区技术应该成为健康住区防疫的重要技术手段。智慧科技内涵广博，而作者见识浅薄，智慧科技应用的前景无限，而作者的想象力有限，本章从以下几个方面讨论，试为此抛块砖。

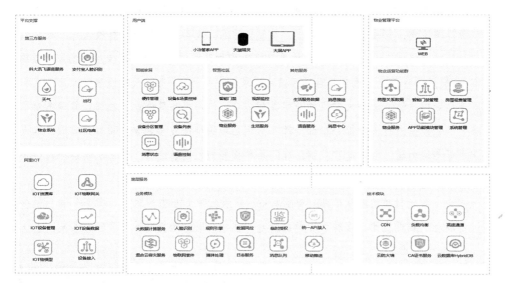

图5 中冶置业集团智慧社区客户端应用架构图

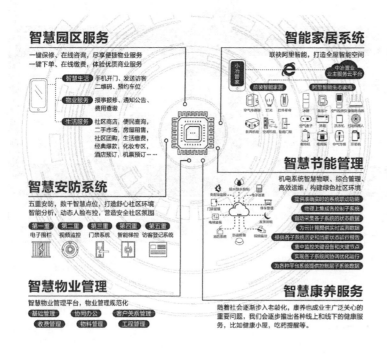

图6 中冶置业智慧社区功能板块
来源：中冶置业集团设计研发部

6.1 智慧安防

居住小区的安防系统可以包括如下几套系统，将这些系统纳入到智慧社区管理平台，并设定管理预案，形成一整套全方位、全天候、多视角、立体网状、反应敏锐的智慧安防体系：

周界防范报警系统，能够对各种入侵事件及时识别响应，有红外对射报警系统、脉冲式电子围栏等，前者易受地形条件的高低、曲折、转弯及绿化等环境限制，后者集物理阻挡、威慑和报警于一体，误报率低，联动性强，为社区构筑第一道防线。

智能门禁系统，包括小区入口自动门，车库入口道闸，单元地上及地下的大堂单元门禁等。可以有效地阻止闲杂人员进入小区，对小区进行封闭式管理。随着生物识别技术，物联网技术的发展，门禁系统得到了飞跃式的发展，人脸识别开门和手机开门已经逐步成为中高端小区的标配。

电子巡更系统，电子巡更系统是考察巡更者是否在指定时间按巡更路线到达指定地点的一种手段，而且管理人员可通过软件随时更改巡逻路线，减少监控盲点，以配合不同场合的需要，必要时还可以智能录像。智能一卡通系统，可以整合门禁、缴费、社区商业的预约、消费等功能。以计算机和通信技术为手段，将社区内部各项设施、服务都可以智能的链接，成为一个有机的整体。

可视对讲系统，无论是亲友来访还是快递送达，可视对讲系统可实现户内与单元门之间双向可视通话，还可以给访客留影，达到图像、语音双重识别从而增加安全可靠性，更重要的是，一旦住户安装的门磁、红外报警探测器、烟雾探测器等设备连接到可视对讲系统，可视对讲系统可以与住宅小区物业管理中心联动，从而起到防盗、防灾、防煤气泄漏等安全保护作用，为屋主的生命财产安全提供最大程度的保障。

户内的云视频监控系统，由户内智能摄像头与手机专属APP组成，随时远程掌控家里情况，可以与家中老人、儿童保持可视对讲联系，还可以拍摄并报警非法闯入。

电梯紧急通话系统，当电梯出现故障，困在电梯内的业主可以一键呼叫管理中心主机，及时得到救援解困。

《智能建筑设计标准》GB 50314—2015中对公共安全系统规定，应有效地应对建筑内火灾、非法入侵、自然灾害、重大安全事故等危害人们生命和财产安全的各种突发事件，并应建立应急及长效的技术防范保障体系；应急响应系统应能采取多种通信方式对自然灾害、重大安全事故、公共卫生事件和社会安全事件实现就地报警和异地报警、应急指挥调度、现场应急处置等功能。住宅小区的安防系统在保护居民隐私情况下部分信息可以与政府公安平台共享，纳入国家公安系统中。根据疫情防控的需要，可以有针对性地进行设备配置和提升功能。本节介绍智能门禁系统和视频监控系统在防疫中的应用。

6.1.1 智能门禁系统

疫情高风险区域的小区进行封闭式管理，同时为满足居民的必要出行，为每位业主办理出入证并在入口查身份查体温，这种传统纸质出入证的登记办理方式和人工检查却也增加了病毒传播的风险。为了防止伪造证件，网上流传有些小区还每日换口令，这种冷兵器时代的防御做法在新冠病毒围攻下被重新启用。杭州很快就依托阿里云的大数据处理能力，由筑家易开发出电子通行证，通过线上申请，自行申报体温，小区大门由门岗扫码通行，实现体温申报、出入有记录可查。

现在，智能门禁技术大大提升小区大门及车库入口、单元门、电梯呼层和入户的通行效率和安全性，实现业主的识别筛查和畅行无阻的无感通行效果，以及带来仪式感、尊贵感的良好体验。如万科的"黑猫一号"智能机器门项目通过智能人脸识别，系统可以识别业主的脸，而非社区人员靠近黑猫一号时，会自动拍照并报警。该系统支持人脸、刷卡、二维码、摇一摇、访客身份验证等多种开门方式，自行车，电动车，婴儿车快速通行；防尾随，A门、B门物理防夹、主控逻辑防夹功能确保业主通行安全，通道无盲区视频监控；可无人值守，远程监视，访客对讲，身份核实，远程开门，SIP语音对讲等功能。

疫情期间要求人脸识别技术能够精确到戴口罩通过眼睛、额头准确识别。门禁系统还可以升级程序接入城市卫生防疫系统，识别健康码，联动人脸识别开启门禁。访客也可以通过业主预约开门功能，输入访客信息、来访时间，经业主同意生成通行证，扫码即可通过门禁。疫情期间，这些无接触式通行避免了近距离接触和交叉感染，同时还提高了采集信息的准确性和社区出入管理的防控效率，可以对管理居家隔离人员的出入进行记录和警报，进而及时制止。

从应对传染病角度，还可增加专业设备对发热等症状的筛查识别，避免人工筛查接触，减少传染风险。有条件的项目可以改造原来的门禁系统，增设红外摄像头体温测试模块。

红外测温仪选择的品牌档次不同，目前价格在3万~12万间/台，测量误差在室内为±（0.3~0.6）℃，在室外受风环境等影响，人体局部表面温度会降低，影响测量精准度，建议设置于背风位置，如果能设于小区公共大堂内部更好，可将报警温度设低，初步筛查后对重点对象人工筛查。探测距离参数要求行人入口处不小于0.5m，车辆入口处不小于2m，识别与测温速度在200ms以内，以实现无需下车、无感快速通行和无接触测温。

完全的无接触通行要直达自家户门，这需要单元门的门禁对讲机支持人脸识别功能，采用能自动开启的单元门联动，不需触碰公共拉手或门禁开关。地下车库层的单元大堂门可以用常见的自动推拉门，首层的单元门因为同时也是消防疏散门，所以必须是自动平开，经调研，目前产品还不多，国内还需要大力开发。

业主单元门外通过人脸识别或手机APP开门后，联动自动呼梯系统让电梯自动泊于一层门厅或地下室门厅并开启电梯门，自动授权电梯送达业主所在楼层。目前，人脸识别或声纹识别、虹膜识别门禁、自动开启单元门、智能梯控都可以实现，需要系统地配置并将各设备系统打通，实现联动即可。访客通过二维码方式开单元门，同样实现电梯自动送房客至被访楼层。在疫情当中，电梯属于感染高风险区，自动呼梯系统避

图7 摄像头识别自动开启门禁系统

图8 一卡通智慧门禁主要组件：控制器、读卡器、磁力锁、发卡机

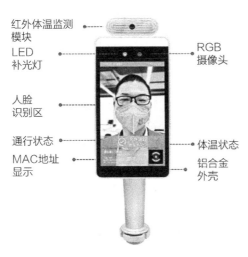

图9 带红外测温模块的人脸识别设备

图10 自动开启门

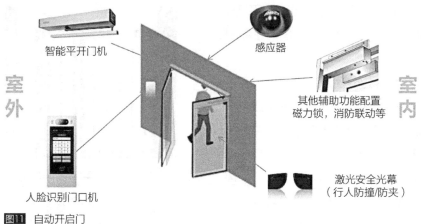

智能平开门机

感应器

室外

室内

其他辅助功能配置
磁力锁，消防联动等

人脸识别门口机

激光安全光幕
（行人防撞/防夹）

图11 自动开启门

图12 电梯无接触梯控系统

免人手接触按键，同时还能解决传统电梯的身体接触、长时间等待等问题。

家用户门的智能门锁有密码、刷卡、指纹识别和声纹识别、面部识别、虹膜识别等方式，后几种识别方式也可以配合自动开启机械装置，即可实现无接触开启。想象一下到家门口，双手提着东西，喊一声"芝麻开门"，门就自动开启迎接主人归来，联动着玄关照明灯开启，是不是有"四十大盗"掌控一切的感觉，其实解决了双手提重物，找钥匙开门的不便与尴尬。不过，声纹识别目前的准确率还有待进一步提升。

图13 访客预约扫码通行系统

必要时，社区疫情防控管理可以给需要隔离的业主家户门安装门磁传感器，设置开门报警，数据上传云端监控中心，监控隔离期外出情况。

6.1.2 视频监控系统

视频监控系统的设计要以较少的设备安装做到各交通卡口的全覆盖，起到威慑和记录作用，在传染病防控方面，可以用于病毒携带者行程跟踪，为流行病学调查提供可靠帮助。

现在，视频监控可以升级智慧视频分析系统，帮助物业安防及时发现问题，不再仅是记录。以往安控室排满了视频屏幕，安防人员很难在屏幕中实时发现问题做出及时处理。智慧视频分析系统是通过人工智能技术，分析视频图像，将可能的危险呈现在大屏上，并圈出可疑人员或危险点。现有技术可以根据人员的行动轨迹，对长时间逗留、反复出现的可疑人员在监控平台上提醒并抓拍，疫情期间，通过程序设定升级，

可对社区公共区域内人员未戴口罩和聚集等情况进行监测，物业管理人员结合远程调度与线下协同，进行提醒或劝散。若社区内发现确诊人员，可通过技术授权，运营平台可通过门禁与视频核对，查询其在潜伏期内的活动轨迹，快速筛查出接触区域和接触人员，实现精准隔离。

具备群体体温检测功能的红外体温检测设备，设置于小区入口或公共活动场地等人员密集场所，可以帮助快速筛查出体温升高人员，为传染病早期排查提供帮助。

结合物联网和云平台技术，通过平台调取远程监控方式，物业和业主可以实现老幼远程看护，例如老人、小孩在园区活动，室内对接屏和业主手机APP可随时远程看护老人孩子是否在活动

图14 业主APP可通过公共视频监控看护公共区玩耍的儿童

区内。同样技术原理，业主或可授权物业，对室内老人、幼儿在家进行照看，帮助疫情期间家庭支柱人员长期不在家，对老幼的关照。

6.1.3 环境卫生监测系统

目前有关智慧住区的相关规范标准里鲜有对传染病暴发防控的措施要求，笔者只注意到在《智能建筑设计标准》GB 50314—2015中提及了应急响应系统应具备对公共卫生事件等要实现就地报警和异地报警等功能。但以现在的各种环境监测设备的发展来看，已具备在公共卫生生物、化学等污染出现的源头即能实时报警的技术，如此可对传染病等公共卫生事件防患于未然。在城市市政工程中已经常用到，如对水源地及输水管路的水质监测，对工厂排污、垃圾焚烧站的监测等，这些技术也同样可以用在住区，并可以在城市中形成网络。

对居住区的空气环境进行监测，通过温湿度变化、花粉等颗粒物含量变化等可以对呼吸道疾病、过敏等高发提前预警；对电梯、楼梯间及地下车库等公共区空气污染进行监测；对小区内及周边水系水质进行监测，可以预警水传播疾病及滋生蚊虫等情况；对小区二次供水的监测自是很常见，有条件的可以对自来水入口监测，共享信息；对排污进行监测，对消化系统传染病报警。

❶ 财新记者 马丹萌、实习记者 何京蔚 2020年2月25日报道

6.2 智慧康养服务

大健康是被认为潜力巨大的产业，资本与技术也在迅速向居家康养医疗服务和社区范围内的服务渗透。智慧社区的智慧康养功能就是让人们居家生活更健康，通过智慧科技解决康养的需求，减少去医院的需求。智慧社区的康养服务网络软硬件结合，包括社区的医疗服务设施、健身设施提供智慧预防、智慧保健、智慧健教、城市社区健康一卡通，对身残体弱的居民的特殊关照等服务。

可以形成区域化卫生信息系统，实现社区服务、健康档案、远程医疗、网络健康教育与咨询、心理辅导、双向转诊、医保互通，未来可以纳入国家公共卫生信息化系统中，帮助在疫情暴发期信息的快速收集，避免重复工作，及时了解病患的基础身体状况，有利于管理部门的快速决策。为传染病防控的早发现、早诊断、早报告、早隔离、早治疗的五早原则提供支持。

6.2.1 智慧医疗网络

武汉新冠疫情期间，财新杂志报道了"只因没染上新冠，他们一再错过最佳治疗期"❶，这是突发传染病暴发带来的次生灾害。社区的医疗网络可以大大缓解医院的压力，而住区的智慧医疗网

健康住区防疫 ABC

络也可以在疫情期间持续运营，为居民的慢性病提供不中断服务。

居家健康监测与居住小区的公共健康服务平台，并可与社区和城市的公共卫生服务网络打通，共享部分信息。

居家电子健康监测仪器，如带有体温、心率等指标监测的智能手环、睡眠感知带、电子血压计、血糖仪、缺血预适应训练仪、带尿检等功能的智能马桶等各种智能感知设备对居民的健康状况有持续的记录，平时对用户调节起居、健身、用药、营养等方面提供帮助。在疫情期间，这些电子设备传输到手机APP等线上数据方便及时上报用户出现的新症状，同时也帮助医生根据用户平日体质对应地采取治疗方案。依托社区的公共健康服务平台，利用人工智能技术，还可以形成慢病运营内容精准推送系统，即根据用户长期的监测的生理指标参数，用户的基础健康档案信息，系统智能推送个性化、精准化的健康调理

产品，用以辅助提高用户健康干预的成功概率，最终帮助用户有效控制病情。

智慧社区可以建设公共健康服务平台，如在小区会所设置与春雷健康等互联网医疗资源合作的健康小站，设鹰演EIS人体功能扫描仪等设备，为业主定期检测身体状况，这些信息通过智慧社区云平台，可汇总形成居民的健康档案。并且可以与春雷健康线上的医疗资源对接，实现远程问诊，足不出户就能得到全国大医院名医生的医疗咨询，医生也可以根据授权调取问诊用户的健康资料。还可以举办健康沙龙、名医巡诊、健康互动等活动。小区还可以配备24小时智能药柜，方便业主自助取药，疫情期间，减少去医院、药店，避免交叉感染，也避免非传染病的慢性病治疗中断。住区的健康服务站，可通过信息化手段为社区居民提供医疗咨询、自检诊断、送药上门等服务，构建居民健康档案，提升社区医疗水平。当疫情暴发，定点医院

32项慢病参数监测仪

光电脉搏波血液流速检测技术+生物电检测技术复用+智能测量技术+云计算技术+移动传输+云存储技术

20秒获取32项检测参数
低成本、微型化、卡片式超小体积
亲肤香蕉皮工艺、蓝宝石镜片设计

肥胖（人体类脂肪）

体脂率　皮下脂肪　身体年龄

肌肉比例　身体水分　内脏脂肪

BMI　基础代谢　骨量

心血管类 | 慢阻肺类 | 常规类

血糖　心率　血压

呼吸率　血氧　体温

心电图（可检测17项功能）

图15　一种便捷家用的电子检测仪器

图16 日常监测对免疫力低下群体给出风险提示

图17 日常监测对免疫力低下群体给出生活建议

人满为患，反而容易增加交叉感染的风险；在体育场等临时搭建的检测点又条件艰苦，不仅医护人员心力透支，排队候检的群众也容易焦虑急躁，可以考虑利用社区健康服务站，派驻经统一培训的医师，分散应急检测等服务。

社区健康医疗服务平台指由卫生、民政、信息化等政府相关部门牵头和指导，组织企业以联盟方式参与共同建设的社区新型基础设施，用于收集、存储和分析社区居民健康信息，通过与专业健康医疗机构对接，以云服务的方式实现对社区居民远程和移动式健康医疗服

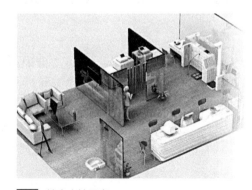

图18 健康小站示意

务的平台。这种平台在社区、居委会设置基础型健康自检体验设备，用于社区居民自助式的健康自检（包括血压、血氧、骨密度等多种指数），也可设立有专

举例:

图19 慢病管理内容精准推送

人服务的健康服务站(健康小屋),帮助居民进行健康检测,建立居民电子健康档案。检测数据通过网络实现平台互联,对接专业健康医疗机构(包括社区医院、健康管理机构等),供家庭医生、健康管理师和门诊医生调阅参考,住户自己通过手机APP应用,与自己的家庭医生、健

康管理师进行在线沟通,实现诊疗档案、健康指标调阅,进行社区医院排队挂号,还可通过后台数据库进行心理和生理健康预检。这种智慧医疗网络可在平时对患病人群进行跟踪和服务,在传染病流行时可将疑似或确诊居民的健康状况及时反馈到防疫信息指挥中心,从而有的放矢地进行管理服务,降低风险。

全面基础健康检测

SK-T8检测一体机

10项健康体检功能,现场打印报告;数据实时传输至春雨后台,数据分析后,对用户健康风险进行管控,对重大疾病风险实时提示,并反馈信息.

功能性疾病早期筛查

鹰演EIS人体功能扫描仪(豪华版)

全球顶尖健康检测设备,面对各脏器生物活性和生理功能,预测潜在危险因素和疾病发展方向,在功能性病变早期发现。鹰演EIS为项目客群带来世界级健康管控服务;

心脑血管系统疾病筛查

精神压力分析仪

发现自主神经有关疾病的病变过程和发展趋势,适用于检测生活压力较大、年龄结构偏高人群的疾病隐患;糖尿病神经病变的早期警告信号,急性心梗后死亡危险的预测指标

图20 一些住区内可设置的健康检测设备

6.2.2 社区健身网络

无论是美国WELL健康建筑标准,还是国内的健康建筑评价标准,都把建筑环境促进运动健身作为一项重要的指标。对于个人应对传染病,内因很重要,就是提升自身免疫力,让身体更强壮,即使染上疾病,也能够战胜病魔。因此,健康住区应该注重建设社区健身网络:鼓励业主居家健身,通过云平台的能力,使家庭跑步机上的数据、瑜伽等运动情况,可以通过业主APP的互动社区板块互晒、排名、评选奖励等方

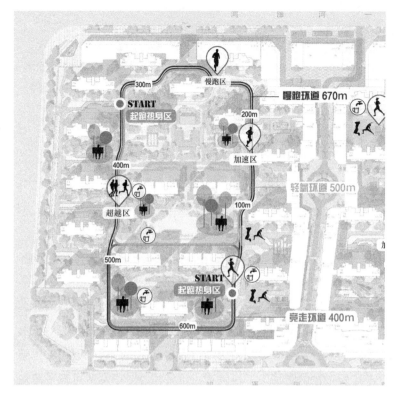

START
起跑热身区

300m

慢跑区

慢跑环道 670m

200m

加速区

轻氧环道 500m

400m

超越区

100m

500m

START
起跑热身区

竞走环道 400m

600m

图21 百度人脸识别
智能步道设备

式，形成社区居民爱运动的氛围。社区可以建设共享健身房，如旭辉集团北京区域的项目，设置居民可以预约的共享自助健身房，健身房内的屏幕显示当天、一周来的业主ID运动的排名，为健身人群设立目标提供健身指导方案等。小区内应设置户外公共健身区，设置健身器械，儿童活动区不是在沙坑上摆放几个劣质的滑梯就行，应该大力开发攀爬、平衡、滑轮滑板等带有一定挑战性的项目，从娃娃开始强健体魄，老人的健身活动场地尤其强调阳光，太极拳、广场舞、门球等。健身跑道应成为住宅小区的标准配置，现在可以进一步升级为智慧跑道，即整合了人脸识别技术，为业主跑圈记录，经过节点时在屏幕上看到自己跑圈的情况、燃脂量及当日排名。

图22 小区内智慧跑道示意图

智能步道排行榜
Baidu 百度

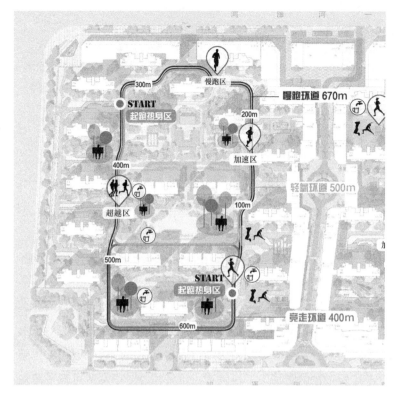

图21 百度人脸识别智能步道设备

式，形成社区居民爱运动的氛围。社区可以建设共享健身房，如旭辉集团北京区域的项目，设置居民可以预约的共享自助健身房，健身房内的屏幕显示当天、一周来的业主ID运动的排名，为健身人群设立目标提供健身指导方案等。小区内应设置户外公共健身区，设置健身器械，儿童活动区不是在沙坑上摆放几个劣质的滑梯就行，应该大力开发攀爬、平衡、滑轮滑板等带有一定挑战性的项目，从娃娃开始强健体魄，老人的健身活动场地尤其强调阳光，太极拳、广场舞、门球等。健身跑道应成为住宅小区的标准配置，现在可以进一步升级为智慧跑道，即整合了人脸识别技术，为业主跑圈记录，经过节点时在屏幕上看到自己跑圈的情况、燃脂量及当日排名。

图22 小区内智慧跑道示意图

144 健康住区防疫 ABC

图23 智慧跑道人脸识别与互动屏

6.2.3 特殊居民关爱

有媒体报道了在武汉新冠疫情期间，一户老人死在家中，只剩下6岁的孙子乖巧地给老人盖了被，三天后才被挨家挨户排查的志愿者发现。

智慧社区管理平台可用以为老弱病残孕需要特殊关爱的业主的服务。物业和居委会要登记特殊群体的情况，比如行动不便的孤寡老人，比如家庭支柱的青壮成员长期出差，有老人留居等情况，物业和居委会都能通过智慧社区平台随时了解，及时了解其所需。通过智慧社区平台每日主动呼叫、关怀。如发现异常，物业可及时到访了解。疫情期间有特殊需求的业主，例如有其他慢性病但疫情期间无法买到药，也可通过智慧社区平台发布需求，寻求帮助。

可以专为特殊关爱群体安装一些智能设备，对接智慧社区平台。比如在万科良渚文化村的养老社区，在老人的住宅走道安装红外人体感应设备，超过3小时没有感知到老人的活动，可能是出现了摔倒等紧急情况，自动报警给物业，物业可以

主动联系确认，及时发现并提供救助。

智慧社区平台还可以开发更多的应用场景。如小冶管家APP开发了"服药提醒"这样一个小功能，针对有多重慢性病的老人，常需要吃多种药，而每种药的服药时间、用量不同，很难记得住。这一个小程序可以将医生的药方输入，手机会定点闹铃提示吃药。

特别需要指出的是，互联网技术的高速发展，可能将很多老年人甩在了后面，新科技在给大多数人带来便利的同时，反而可能给不会使用、不适应变化的老人带来很大的不便，从这个方面上讲，那些虽然身体还好，但生活方式不愿意转变的老人也是一种特殊需要关爱的群体，我们要尊重他们，给他们更多的耐心，技术也要有宽容度。具体来说，物业在应用智慧社区服务平台时，提前就要摸底这一类老年人的情况，给他们更多耐心细致的培训，对于确实无法适应的老人给予替代方案，并登记备注。疫情期间，通过线上打卡等方式排查不会使用的用户，进行单独的电话或上门访问的方式，确保服务到每个人。

图24 小冶管家APP的服药提醒功能

6.3 智慧社区服务

智慧社区服务指在住宅小区及其周边的社区配套的物理范围内，通过智慧

社区平台提供的高效物业管理、便捷物业服务和优质商业服务，包括设备的运行维护、报事报修、通知公告、费用查缴和社区商业O2O，打通最后一公里的社区商业的对接消费服务等应用。同时也能提升社区运行的效率，比如，小

图25 万科的社区服务平台

区物业可以将维修业务通过APP方式外包给社会上的维修人员，通过抢单、服务后评价等方式，实现透明、高效，也减轻物业的人力成本，实现社区资源共享。

"疫情防控关键时期，除了医院，社区是另一个不见硝烟的主战场，社区服务、疾控和医疗人员面临的短缺与压力可能更大"[1]社区工作是疫情防控的基础、重要组成部分，从疫情防控的五"早"原则来说，社区还是第一道防线。但社区疫情如何能让疫情防控指挥中心及时了解，关键还在信息传递。社区服务还依托于城市供应系统，应用智慧系统与城市的智慧网络连通，实现信息共享，使社区的服务供给与需求及时得到平衡，避免出现实质性的服务短缺及造成的恐慌。

6.3.1 设备运行维护

智慧社区的设备管理系统包括对消防系统、空调系统、通风系统、给水排水系统、照明系统、变配电系统、电梯系统等监控。系统有助于节约能源、节省人力、延长设备的使用寿命，方便设备的集中管理，提升建筑的安全性，确保舒适的生活环境。例如对给排水系统的监测可随时了解如下信息：泵房的供电、启停运行状态、手\自动状态、故障信息、管道压力、水箱水位信息等；

龙湖地产基于物联网技术构建了一

个可触达旗下项目每一台设备的神经网络。已有48万台在管设施设备纳入了FM设施设备管理系统进行电子化管理。每台设备有专属编码。这个跟身份证一样的ID号码，为每一台设施设备设立了一套完整的健康记录。通过这些"身份证"收集到的大数据，龙湖能知道何时开展预防性维修维护，何时系统性优化整改。RBA则为设施设备提供"贴身管家"服务，通过传感器实时读取电压、水压、设备温度等数据，让设备自己"说话"，自动生成运行记录。一旦读数超过设置的预警值即自动告警，同步生成工单发至工程队员的员工APP上，由工程队员及时完成报事处理。疫情期间，减少了物业巡检带来感染风险。在龙湖智慧服务集成指挥中心，并排8块高清LCD显示大屏将全国所有项目的KPI运营指标，第一时间同步回传，实现对呼叫中心、各地各项目报事、收费情况、运营状况、恶劣天气等内容的实时监控和预警。同时，现场品质、员工工作状态等信息，都可以通过慧眼系统即时远程可视。

在物业基础服务的设备运行管理上，智慧社区平台还可以结合BIM（建筑信息模型Building Information Modeling）功能，实现可视化，快速查找设备故障的重要环节，并对每一次维修做好BIM记录，从而对设备的老化情况做出判断，及时更新，特别是对给排水等与居民健康息息相关的设备系

---

❶《财新》杂志ISSN1005-2100，2020年1月29日报道

统重点关注。

投诉建议和报事报修是住宅小区业主APP的一项基础功能，有利于提升处置效率。通过APP可以整合社区周边的工程人员，电工、水管工等，实行抢单的市场化管理，则物业可以将业主户内的维修工作交由市场，业主与社区周边工人线上交易、线上评价等，提升物业服务效率、降低物业人工成本。

6.3.2 物业公告系统

通过物业管理平台发布物业公告，疫情期间，物业管理人员可以将小区内或周边小区疫情情况实时公布，还可以将一些防护小知识、小区周边生活供应点等情况发布在公告，业主可以在APP随时了解动态，同时增强业主防疫意识，减少业主外出的风险。

图26 龙湖地产设备管理平台

图27 小冶管家APP在新冠疫情期间的物业公告

6.3.3 社区商业O2O

利用智慧社区平台，将周边一公里范围的社区商业服务资源对接起来，业主可以通过APP及时了解粮店、药店、水果蔬菜等货品情况，下单送货，既给业主带来生活便利，也可以是物业公司多点经营的方式。在疫情期间，居家隔离出行不便时，这种透明的消费方式还可以缓解物资短缺的恐慌。龙湖、绿城等龙头开发商企业，因其开发项目已有很大规模的业主消费群体，其业主APP更是对接了很多的线上商业资源，为业主提供便捷的商品供应渠道。

6.3.4 线上互动社区

如今，中国的房地产开发商纷纷号称转型"运营商"，其实仍缺少对运营内涵的深度挖掘。住宅不仅仅是建设好，还要管理维护好物业，其实要让居住于其中的人们形成交往的圈层，形成社区精神，才算是成为真正的社区。著名的阿那亚社区，就是通过运营业主社群，开发商将自己当成社区的群主，组织了各种兴趣小组，开展了家史主题交流活动，组织公益活动，形成业主公约，宣传低碳生活、关爱邻里，传递正能量，使业主有很强的归属感。

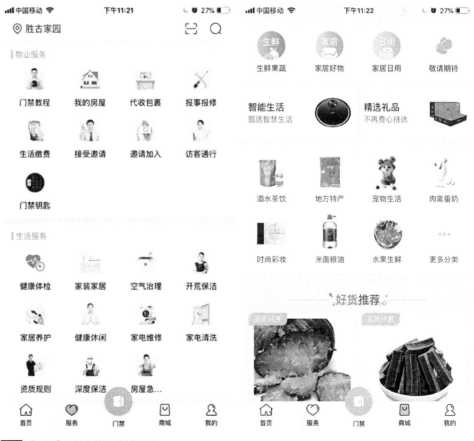

图28 "千丁"APP上线上商城页面

图29 "绿城生活" APP的和谐邻里板块截图

图30 万科住这儿APP社区互动板块临时开设疫情防控专区

在疫情暴发期间，居民居家隔离，自己不能出去，亲朋也不能来访，容易出现心理的焦虑躁动：担心自己感染，担心亲属感染，担心看病花钱，不敢帮助护理他人，担心没有物资保障，担心员工走人，担心上级问责……此时，利用智慧社区平台的社区互动功能，让业主时刻感受到与邻里在一起，相互鼓励、慰藉，起到心理疏解的作用，还可以实现防护物资的相互支援，组织社区志愿者帮助弱势群体等，给社区共克时艰提供坚定的力量。

6.4 智能家居

随着物联网技术的发展，智能家居近几年得到快速推广。此次新冠疫情持续时间长，长时间的居家隔离生活不止让人们关注到住宅的种种缺陷，还对居家生活的便利性提出更高的要求，对智能家居的发展又一次推波助澜。

但市场上产品种类多样，实际上发展阶段有很大差别，笔者到目前看来，智能家居的产品大体分为四个发展阶段：①智能单品，即单个产品通过单独的控制程序发出指令进行操控，如看护摄像头可以通过自己的APP调取画面，消毒碗柜可以通过自己的APP进行定时等；②感知+指令执行，即产品带有感知器件，当监测到环境条件达到某个标准时，即自动触发开关或变换档位，比如某些智能空调、新风机，可以在设定的温度和空气中污染物含量范围内自动运行；③多种设备通过共同的网络形成关联互动的功能场景，比如用户要进入观影模式，则会触发窗帘关闭、灯光变暗、投影启动、打开电影频道等系列动作；④采用人工智能、大数据、云计算等技术，使智能家居控制器具备算法，感知环境变化与人的需求，自动做出判断，同时对多组设备发出指令。我们可以说是给房子安装大脑，建设"会学习、能思考、懂体贴"的房子。

早晨，唤醒照明缓慢亮起，继而窗帘分步式地徐徐打开，让你设定的7点钟起床的光如同太阳刚刚升起的晨光，新风口吹出混合了花园味道的风，音响同时响起树林里的鸟叫蝉鸣和潺潺流水声，如果安装了智能投影仪也可以联动播放出森林、花园的画面，在声、光、风的感知下，您在鸟语花香中自然醒来，而不是被恼人的闹钟惊醒。卫生间已经准备好了洗澡的热水，厨房的咖啡机也冲好了一杯香浓的咖啡……这已经不是想象，这是对应现有的设备通过智能联动控制就能够做到的。

在这样日新月异的智能家居技术的发展下，疫情期间的居家生活有更多的想象。

6.4.1 前装设备

第5章介绍的新风、空调、控湿、

水质监测、健康光环境等技术，都可以通过物联网手段融入于智能家居，涉及空调器、除霾新风机（或带有加湿/除湿功能）、空气盒子、软水机、直饮水机、水质监测仪、窗帘电机、灯具、光照感应仪、智能门锁、红外人体感应器、燃气报警及自动切断阀、浸水监测报警等智能设备，这些设备通过有线、无线、红外等不同的信号方式，485、Zigbee、WiFi等不同协议，有的需要转换信号设备如网关、空调P板等，最终借助云计算能力，由中心控制器（房屋大脑）集中信息、做出决策、发出指令。此部分作为前装设备由开发商统一实施交付。这些系统整合在用户控制终端——手机APP上统一控制，或者通过初始模式设定好自动智能运行，无疑可以提升住宅环境的质量和运行效率，给用户带来安全保护和健康、舒适、愉悦的体验，引导用户的健康生活方式，也提升抵抗传染疾病的能力。

6.4.2　智能家电

智能家电单品是组成智能家居的基础，尤其伴随着智能手机，近十几年间得到了很大的发展，一般称作智能家居的集成方案都是两位数以上的智能家电组合，目前，阿里云IoT生态系统，已经打通协议的智能家电已经达到几千种。智能家电技术还在快速迭代之中，新产品层出不穷，笔者所了解的有限，从防疫方面，仅举一些例子：

智能音箱在此次疫情中使用频率大幅提高，渗透到新闻、家教、天气、购物等生活的方方面面。智能音箱的主要品牌都在加速战略布局，比如百度的内容扩展、小米的"1+4+X"、阿里天猫精灵成为智能家居物联网的"棋眼"。作为一种输入终端设备，智能音箱作为接收指令的入口，调动智能设备只需要您的"吩咐"。智能音箱、智能语音机器人、智能声控面板等设备可以减少触碰引起家庭成员之间传染。进门无需洗手消毒即可声控开灯、控制窗帘等，让消费者在疫情期间的生活更安全、更便捷。

不少语音机器人产品集成了看护摄像头，可以监测家中情况，对非法入侵可以线上线下同时发出警报，同时起到威慑作用，降低危险。对独居老人既是陪伴，也是看护。

除了语音识别，还有其他非接触设备，比如用手势代替触摸。自动出水龙头、自动皂液器是很常见的简单手势控制设备。如今，无接触式垃圾桶在家庭中很常见。甚至窗帘也可以通过感知您在窗前的手臂挥舞而开闭。

智能马桶的马桶盖带有自动感应功能，直接避免了马桶盖板来回翻起落下频繁交叉接触。"日本的坐便器在世界上是最先进、最了不起的。日本的坐便器可以以不同的方式测量你的血压、播放音乐、通过坐便池里的一个喷嘴清洗和烘干肛门、吸干空气中有味的离子、夜间迷迷糊糊上厕所时替人开灯、替人把坐便盖放下（这种功能被称作'拯救婚姻的手段'），而且根本不需要什么老式的水箱就能把你的粪便冲走。这些装置被称作高性能坐便器，但是即使最低级的高性能坐便器也需要有标准的内嵌式坐浴盆系统、加热的座椅和某种精妙的控制器。"❶可以说，日本的马桶盖不仅代表了日本的工业水平，还代表了日本的文明程度。有的智能马桶还有抗菌、防霉、除菌、除异味等功能。马桶还是重要的居家非察觉性的健康监测终端设备，非常方便。通过马桶圈上的传感器，可以监测到使用者的心率、体脂，记录使用者的如厕时间、如厕频率，收集的数据可以形成报告反馈到绑定的手机APP上，从而将马桶变成一个能发现早期疾病的家庭健康检测中心，比较适合有老人的家庭，其工作原理是通过手部和腿部接触的两个电极形成一个回路，这样，就可以检测出人体的体脂率。现在，还有智能马桶设置了一体化全自动的尿液检测传感器，可以检

测包括白细胞、尿胆原、胆红素、尿蛋白、尿糖等十几项指标数据。相信不久的未来，此类产品可以发展到监测出传染性疾病引发的指标数据变化。比起单次体检，这种日常的监测，对及时发现病情有很大的预防意义。

智能手环、智能运动手表是普及率很高的智能监测设备，在计步、计算运动量的同时，可以监测心率、血压等身体参数，连接到APP，可以给出锻炼计划。类似的便携式健康监测设备产品也逐渐丰富起来，如图31所示的光电式接触监测产品，可以即时得到几十项身体参数。安放于床垫上的睡眠监测带，可以记录睡眠期间翻身动作，甚至呼吸节奏等。当代置业在北京顺义的零碳养老公寓实验单位在木地板下安装几十个压力探测点位，可以感知到老人跌倒，及时发出报警。

光电式手指测量法—数据智能传输慢病监测产品

一键姿势20秒内即时测量出33项人体生理数据，包括"心率\血压\血氧\呼吸率\体温\压力\疲劳\血糖\抵抗力\心电图\皮肤水份\皮肤油份\体脂率\基础代谢率\皮下脂肪\内脏脂肪\肌肉比例\骨量\身体水分\身体年龄\记步\人体脂肪消耗"

自带安卓系统及数据传输功能（电信\移动联通4G制式）
极简TOUCH BAR触摸及智能监测姿势识别技术
无框、金属、高清大屏等尊崇服务设计风格
光电反射式及生物电技术的叠用技术

光电式手腕测量法—智能穿戴健康监测产品（高端）

实时监测及传输：

20项人体生理数据："心率\血压\血氧\呼吸率\压力\疲劳\抵抗力\心电图\皮肤水份\皮肤油份\体脂率\基础代谢率\皮下及内脏脂肪\肌肉比例\骨量\身体水分\身体年龄"

4项人体运动参数："实时呼吸\实时心率\计步\实时脂肪燃烧"

5项人体睡眠参数："实时呼吸\实时心率\实时呼吸暂停监测\实时血压变化\实时动作"

开发目的：慢性病人在稳定状态、干预运动状态、瞬睡状态，三个时间段的人体参数对于控制病情，恢复机体状态至关重要，医生能够针对实时参数制定出更为精细化的药物及非药物的干预方案，达到病人健康全新未来的目的。

图31 一些便捷家用的电子检测仪器

---

❶ ［英］罗斯·乔治 著. 厕所决定健康. 吴文忠，李丹莉译. 北京：中信出版社，2009

图32 几款智能消毒刀架

还有一些主动式的抗菌、消毒设备。2020年2月17日，国家卫健委高级别专家组成员、工程院院士李兰娟在接受采访时表示："洗碗机和消毒机能够防止各种传染病通过消化道传播"。洗碗机自带的水流加热功能和清洗后的烘干功能共同达成除菌效果。其漂洗大多采用持续75℃的水进行，进而进行烘干处理。部分洗碗机还会配置顶部的UVC紫外线灯，可间隔开启，保证洗碗机内部干燥无菌。近几年，出现了不少新型家用消毒设备，比如智能消毒鞋柜、消毒衣柜，通过在鞋柜中增设通风和紫外线灯的方式，保持鞋柜内的干燥并消杀病毒，或在衣柜中应用负离子净化技术实现细菌、病毒的灭活，减少业主从户外带入病源的风险。智能消毒刀架，带有70℃烘干加UVC紫外线等多重消毒。但是，对这类家电采用的消毒方式是否会有其他方面的隐患也需注意，如紫外线外溢照射到眼睛和皮肤会对人造成危害，以汞灯灯珠产生紫外线的，也存在汞蒸发被人体吸收的风险。2009年，国家标准化管理委员会批准实施了《家用和类似用途电器的抗菌、除菌、净化功能通则》GB 21551.1—

2008，2011年又发布了《家用和类似用途电器的抗菌、除菌、净化功能 抗菌材料的特殊要求》GB 21551.2—2010及有关空气净化器（GB 21551.3—2010）、电冰箱（GB 21551.4—2010）、洗衣机（GB 21551.5—2010）、空调器（GB 21551.6—2010）的抗菌标准。规定了具有抗菌功能的家电在抗菌率、消除异味功能等方面的卫生要求、检测方法和标志。此类家电有抗菌抑菌的性能，但是否属于智能家电，要看其是否通过物联网等技术对接到控制终端，形成新的功能场景应用，在此不详细介绍，消费者可按需购买。

6.4.3 操控终端

智能家居用户的操控终端可分为智能面板（语音面板）、手机APP、可视对讲室内机、智能音箱、语音机器人等，终端的方便好用直接关系用户的体验，是智能家居效果的关键因素之一。

手机APP的界面设计要功能内容"丰富一点"，操作"简单一点"，交互界面"友好一点"，如小冶管家APP分为日常信息、我的场景、智能家居、物业

图33 小冶管家APP UI设计

服务、生活服务等功能板块，常用的场景、设备操控设置于首屏，设置了户型图，方便业主查找每个房间的设备，为看不清屏幕的老人特别设置了语音助手。还有更多的细节要关注，比如有的项目是采用云计算方式，按键到执行可能有不到0.5秒的延迟，别小看这一点延迟，用户就可能反复按键，因此，按键的触感回应就很重要。

语音面板、智能音箱、语音机器人

的硬件要有足够的辨别距离，软件上要设置足够的语法词库，既要辨识清晰，又要有一定的口音包容度。要让AI适应人，而不是人去适应AI。

6.4.4 场景开发

智能家居的关键就是要将各种设备整合起来，关联动作，形成功能场景，不再是单独的设备控制开关或遥控器，在面板或APP上呈现的将是您需求的功能模式。我们总结出一套功能比较全的典型住宅，各个房间的场景模式汇总成如下19种：欢迎模式、标准模式、厨艺模式、就餐模式、聚会模式、团聚模式、观影模式、阅读模式、学习模式、健身模式、导睡模式、睡眠模式、起夜模式、唤醒模式、起床模式、欢送模式、外出模式、急救模式、报警模式。

具体到每个房间，大概有四五种常用模式，控制终端APP允许用户排序，还可以开放场景设置功能，让用户可以自己DIY应用场景，通过一步步指引设定相关联的设备联动，将场景模式触发分为三种，手动触发、定时触发和设备触发。未来，我们可以根据用户使用场景和DIY场景的统计数据，设定出大多数用户更常用的应用场景。当然，也可以结合应对疫情的需要开发出应用场景，方便和引导人们的生活。

结　语

2020年初爆发的这场COVID-19病毒疫情深刻地冲击着全球的很多方面，给人类生存带来全新挑战，各行各业都在思考给人类生活模式带来的变化，建筑学界甚至有人预言将改变人类的聚居方式。我想，这个预言只能在宏大的时间尺度上去验证，但人类伟大的城市创造不会消亡，城市是人类文明的产物，城市使物质的交换和信息的交流更加高效，也比农村更容易得到卫生的环境和卫生的服务。

相比于建筑环境因素，生活方式是对个人健康更重要的因素。而面对各种传染性的病原威胁，人自身的免疫力也尤为重要。

在这一场世界规模的抗疫战争中，日本属于"优等生"。由于国土资源紧张，日本的建筑也很拥挤，但在工厂没有关闭，只是部分店铺停业，国民可以自由活动的背景下取得了在较低的感染人数、死亡率下控制住了疫情。这和日本一直以来的健康的生活习惯密切相关。2020年5月4日，日本政府的专家咨询委员会向国民提出了一个"新生活模式"，呼吁在今后相当长的时间里，遵循几十条建议规则来生活与工作。其实日本国民素质高，生活方式也比较健康，这是日本人均寿命世界最高的重要原因。不但是这次疫情期间表现优异，即使在没有疫情的时候，在春季，花粉和传染病高发季节，日本人出门也是戴口罩的。日本的"新生活模式"是健康的生活方式升级版，也是成本最低的健康措施。

生活方式的改变可以很快就实现，例如欧美国家的人们尽管对戴口罩有固执的偏见，甚至被视为一种社会文化，但疫情之下，随着医学界和政府的呼吁与规定，也在几个月内得到普及。而城市、建筑、人类住区却只能是缓慢地革新。尽管建筑在很大程度上决定或影响了人们的生活方式，也为人类行为管理提供空间条件。但面对传染病暴发这类突发事件，必定是人类的生活方式变化引领城市和建筑的革新，在这漫长的过程中，人们以生活方式去适应环境，消磨着城市与建筑的革新动能。

中国的近二十多年的住宅商品化的供给，在产品上的进步也是有目共睹的，主要体现在户型和外观上。但是我国的住宅有很多外在的属性——金融属性，即在经济高增长和M2高增长中的保值增值功能，社会服务属性，依托房子的户口带来的享受教育等资源的权利等，所以房子本身显得并不那么重要，主要是占上了对应的土地，房地产开发更多的是开发土地的价值，而采用快建造、快复制、高周转的方式较少地开发房子的价值。借用经济学上恩格尔系数的概念，评价人们生活水平的指标看他在食物方面的支出与收入总额的比重，评价建筑的品质可以看其土建成本的占比，我们还应该在关注漂亮的立面、景观形象之外——当然，漂亮也不见得就是用昂贵的材料和复杂的装饰——深入其隐蔽工程——各种内部管线、各种设备等，更加关注其性能的提升。

现在，国家已经多次明确提出"房

住不炒"的要求，而且以持续有力的调控政策教育开发企业体会这个要求，逐步剥离房子的金融属性和社会服务属性，后者在户口放开和多校划片等多部门协同政策中显现。在这个过程中，确有越来越多的房地产企业提出了很多新的产品理念，推出了一些新的产品技术。而这次疫情危机正是考验，可以检验出哪些是表面功夫，哪些是花拳绣腿。在此呼吁我们的行业和有关部门，应该趁这次公共危机，对住房的问题进行细致的总结，对这些住房的技术进行扎实的后评估，为后面更加严峻的住房建设市场找到合适的方向。

防疫是住区规划和设计的新课题。医学界对新冠病毒仍在不断刷新认知过程，生物学也承认对地球上的微生物所知甚少，而建筑学这门古老而又所涉领域极其庞杂的学科，对疫病的应对肯定会更缓慢一些，建筑学与公共卫生学、环境卫生学相关学科的融合会是一个漫长的过程。我们在疫情暴发期间总能看到，建筑有很多缺陷，可能为病原滋生创造了条件，建筑空间关系和设备管线可能为疾病传播提供了渠道，这是我们建设者应该努力避免的，我们注意对年老体弱的易感人群提升卫生安全防护，我们还提出了一些生物医学科技主动杀灭病原的手段和方法，但是，我们也要知道，建筑能做的有限。我们也可以乐观地相信，随着科学技术的快速发展，人类与病毒斗争的经验越来越丰富，也许未来，我们可以让住宅变成无菌室，我们出门可以带上防毒面具，住宅更像

医院，而人的本来面目掩盖起来，然而这显然不是我们想要的！两千多年前，中国的先哲提出"天人合一"思想，人与自然和谐相处才是大道。

1968年，一些科学家自发组织了罗马俱乐部，提出了《增长的极限》，警醒世界。而经过了不到50年的高速增长后，2017年美国特朗普总统宣布退出"巴黎气候协定"。有研究说2020年是人类阻止地球持续变暖的最后窗口期，当地球变暖即将不可逆时，也许是造物主以释放病毒的方式把人类关进房子里，使其停工停产停航，甚至原油都跌成负值，延缓人类碳排放的过程，也让人类能够静下来反思，然而人类却为甩锅而吵成一锅粥，恐慌、冷眼旁观、傲慢、歧视、仇恨……

面对病毒，是人类共同的战争，人类命运共同体的概念此时被全世界人民深刻地感受。各民族应共同对抗疾病的流行，放下傲慢与偏见，人类应共同思考共同的地球、共同的未来。

我们将病毒、细菌当成敌人，我们采用大规模的消杀，在城市中清除所有祸患，我们却难以再听到虫鸣鸟叫。1962年，美国女海洋生物学家蕾切尔·卡逊（Rachel Carson）出版了一本《寂静的春天》，用寂静惊醒人类：人类不过是地球大家园的成员之一，不应与其他成员对抗，应寻求与各种生物和谐相处，在各自的领域相安无事。

1999年国际建协大会在北京召开，吴良镛院士起草《北京宪章》提出人居环境科学，人类的营建活动有广泛的影

响，包含浩瀚的内涵。以笔者的认识，建筑是人、自然、社会三者和谐共融的载体。笔者在央企房地产公司主持产品研发，提出围绕"绿色、健康、智慧"三大主题的建筑科技体系，进一步强调"绿色为基本理念，健康为根本原则，智慧为实现手段"，建筑是人工环境，当然要为人的安全、健康、舒适、愉悦为目标，我们思考人与自然的关系，以敬畏自然之心创建理想人居，所以在这座理想人居满足人类需求的金字塔顶，又加了一层"和谐"，人与自然和谐、与社会和谐，这是人获得幸福圆满的至高境界。

图1 理想人居满足人的需求

根据国际能源署（international Energy Agency，IEA）对全球能源消耗和碳排放的核算，2018年建筑业（房屋建造与基础设施建设过程）用能占全球能耗的比例为6%，建筑运行占全球能耗的比例为30%；上述两项的碳排放占比分别为11%和28%。❶

我们看到，这些年我国的住房建设大潮伴随着房价、地价的飞涨，大量性的普通居住建筑被豪宅化，石材幕墙被大量应用在住宅的外立面上，售楼处示范区矫揉造作极尽奢华，却往往不能代表最终品质，而只是短期使用就将拆毁，一些不适宜的名木乃至草皮被移栽，从而需要更多的化肥农药和水去维护。然而，房地产市场对节能、绿色、生态却并不关注，能源供给和计量的方式变化缓慢，开发商在满足节能环保要求上也与政府相关部门博弈，而购买了千万豪宅的业主也并不关心每年在能源费上能节省几千块钱。而当一些建筑科技不经充分论证就被应用在普通住

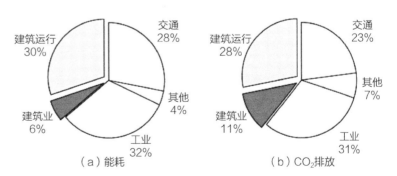

图2 全球建筑领域终端用能及CO_2排放（2018年）

---

❶ international Energy Agency, 2019Global status report for buildings and construction

宅上，并进行市场包装，变成了市场的口号，如朗朗上口、耳熟不能详的"恒温恒湿恒氧"，资本的偏好很有可能偏离科学与公共利益，更无视生态伦理。我甚至有些担心，对这次疫情的群体恐惧和科学反思，包括本书所做的这些探讨，会不会被市场利用，拿来发挥而走样，变成房地产行业炒作的过度技术，反而使整个社会付出更多代价，让自然环境承载更多。

所以本书将住区的防疫区分主动式技术与被动式策略，我们努力寻找建筑防疫上的短板，改进完善以前忽略的一些不利做法，在比选技术方案的时候，将防疫作为一项因素，选择更有利的技术，避免住区环境成为滋生病原的温床，切断疾病传播的渠道，这是我们积极采取的被动式策略；我们对主动提升安全防护的措施和大规模杀灭病原的技术方法持审慎态度，当病毒来袭，疫情暴发，不得不与病魔抗争，但战斗中恐有误伤。从人类在地球上的长远生存，我们要共同行动，与众多生物平等共存，和谐相处，也留给我们的后代有平等的地球环境的使用权、发展权。我们关注在建筑的全生命周期节约资源和降低排放，住宅户型的空间结构灵活适用尽可能满足住户家庭结构变化和生活习惯变化的需求以延长建筑的使用寿命，我们努力提供订制化装修产品或者水电末端点位的精准，减少用户的拆改造成的浪费，我们建设更为生态自然的园林绿化景观，避免过多的没有领域感、并不实用的硬质铺装，也减少化肥农药的使用，我们提倡减少垃圾和分类处理，我们用环境设备与智能科技优化能耗，引导人们绿色的生活方式……用一点一滴努力为实现人与自然的和谐相处，保护地球——这个在可见的未来中最大的人居环境，而不是以科技追求片面的环境舒适，鼓吹科技的强大，人定胜天，而忘了初心，导致科技的盲目自恋与人类的盲目自大。这是我们每一位建设者都应该思考的!

图 表 来 源

CHART
SOURCE

第1章

1. Feature: Panic over Ebola echoes the 19th-century fear of cholera https://news.liverpool.ac.uk/2014/10/17/panic-over-ebola-echoes-the-19th-century-fear-of-cholera/;

2. [意大利] L. 贝纳沃罗 著，薛钟灵 余靖芝 葛明义 等 译，世界城市史，科学出版社，2000年3月；

3. 刘洋，几乎每次大疫情都会推动城市设计理念的更新，新冠疫情会带来什么改变？文汇报，2020年03月29日 http://www.whb.cn/zhuzhan/kjwz/20200329/336789.html；

4. 伦敦大火 历史的源泉，英国应该"感谢"这场大火，新浪新闻中心历史看点，2018年01月17日http://k.sina.com.cn/article_6398138586_17d5bd8da001003yi7.html?cre=newspagepc&mod=f&loc=3&r=9&doct=0&rfunc=100；

5. [意大利] L. 贝纳沃罗 著，薛钟灵 余靖芝 葛明义 等 译，世界城市史，科学出版社，2000年3月；

6. 哈尔滨医科大学网站 http://www.hrbmu.edu.cn/xxjj/srxzwldbs.htm；

7. 微博号"看见"，#每日疫情直击#【告别】https://weibo.com/2618671427/IAwt0o07H?refer_flag=1001030103_&type=comment#_rnd1595425526405；

8. 翻译自 Major-influenza-pandemics-since-1918-and-emergence-of-HPAI-H5N1-viruses-Information Expert Reviews in Molecular Medicine © Cambridge University Press 2010；

表1. 美国疾控中心，转引自：梁建章 黄文政，从美国流感数据看新冠肺炎疫情，财新网 20200129，https://opinion.caixin.com/2020-01-29/101509211.html；

表2. 中国健康建筑与美国WELL标准对比 霍庆荣，赵敬源，中国《健康建筑评价标准》的比较研究，建筑节能，2019年第3期

第2章

1. https://www.virology.ws，30 April 2009；

2. https://es.qwe.wiki/wiki/Nucleic_acid_analogue；

3. 中国室内环境与健康研究进展报告2012，中国建筑工业出版社，2012；

4，5. 微生物学（第8版）高等教育出版社，2016.1；

6. 参考消息微信公众号，20200629，https://mp.weixin.qq.com/s/JEgbNuqQ23IgKqEBdV9Pnw，http://old.medsci.cn/article/show_article.do?id=3376196985ef；

7. 国家微生物科学数据中心http://nmdc.cn/；

8. 微生物学（第8版），高等教育出版社，2016.1；

9. https://commons.wikimedia.org/wiki/File：Prokaryote_cell_diagrdm.svg，zh.m.wikipedia.nym.mx；

10. 微生物学（第8版），高等教育出版社，2016.1；

11. 左https://www.sohu.com/a/343033399_100210803，右https://www.wuky.org/post/kentucky-may-become-ideal-deadliest-animal-earth#stream/0；

12. 左Dan Collins, Kentucky May Become Ideal for the Deadliest Animal on Earth, Wuky. org, Dec21, 2019, https://www.wuky.org/post/kentucky-may-become-ideal-deadliest-animal-earth#stream/0。中

为什么入冬还会有蚊子 https://www.bb-pco.com/news_1532.html。右 如何预防蚊虫叮咬，http://www.360changshi.com/sh/fangchong/6510.html；

13. https://www.bilibili.com/read/cv2595862/, https://www.sohu.com/a/144198270_216617, https://baike.baidu.com/item/黑胸大蠊/5464093?fr=aladdin；

14. https://www.meipian.cn/27e7qkmp, https://baike.baidu.com/item/瘤胫厕蝇；

15. http://www.hahacn.com/detail/72748.html, http://sxshiyulinxiaosha.com/shownews.asp?ID=83, http://roll.sohu.com/20140318/n396807941.shtml；

表1. 杨克敌 鲁文清主编，现代环境卫生学，人民卫生出版社，2019年1月第3版；

表2. 杨克敌 鲁文清主编，现代环境卫生学，人民卫生出版社，2019年1月第3版。笔者补充新冠肺炎

第3章

1. 沃尔特·克里斯塔勒《德国南部中心地原理》商务印书馆，2010；
2. 全景城市VR截图和互联网；
3. 作者拍摄；
4，5. 中冶置业集团设计研发部；
6. 大连一方生态城总体规划文件；
7. 作者拍摄；
8. http://baijiahao.baidu.com/s?id=1662558052534273029, http://k.sina.com.cn/article_1668928944_6379d5b002000mtmq.html；
9. 中大建筑；
10. 大连一方生态城规划文件；
11. URBAN GREEN-BLUE GRIDS for resilient cities 网站,Projects：HammarbySjöstad,Stockholm, Sweden, https://www.urbangreenbluegrids.com/projects/hammarbysjostad-stockholm-sweden/；
12. 中冶置业集团设计研发部；
13，14. http://www.archreport.com.cn；
15. http://www.archreport.com.cn，建筑师：Hamonic + Masson & Associés；
16. 作者自绘；
17. 简单适用有效经济_山东交通学院图书馆生态设计策略回顾 袁镔 清华大学，城市建筑 10.3969/j.issn.1673-0232.2007.04.004；
18. https://www.e-architect.co.uk/architects/ralph-erskine；
19. 中冶置业集团设计研发部；
20. 网络新闻；
21. 作者拍摄；
表1.《城市居住区规划设计标准》GB50180-2018

第4章

1. 作者手绘；
2. 中冶置业集团设计研发部；
3. 2020中国健康建筑发展研究报告；
4. 中冶置业集团设计研发部；
5. 环球网 记者邓云/摄；
6. 中冶置业集团设计研发部；
7. 新华网；
8. 赛德太阳能智能环保箱产品图册；

9. http://www.neic.one/案例展示/hammarby-哈马碧生态新城探访/;
10. 作者拍摄;
11. https://imagebank.sweden.se/, https://www.envacgroup.com/the-envac-system-behind-the-scenes/Envac Group;
12~15. 中冶置业集团设计研发部;
16. 作者拍摄;
17. 中冶置业集团设计研发部;
18. 来源于网络;
19~23. 中冶置业集团设计研发部;
24.《人民防空地下室设计规范》GB 50038—2005;
25. 中冶置业集团设计研发部;
26. 作者拍摄;
27. 网络图片;
表1. 中冶置业集团设计研发部

第5章

1. 中国建筑设计研究院 建筑师林朗;
2~8. 中冶置业集团设计研发部;
9. 同济大学，呼出颗粒物在室内和户-户之间的传播特性，新冠病毒封闭空间传播规律研讨会，2020年3月12日;
10, 11. Dr. Tsou, Jin-yeu, Professor of Architecture, Chinese University of Hong Kong, Architectural Studies of Air Flow at Amoy Gardens, Kowloon Bay, Hong Kong, and its Possible Relevance to the Spread of SARS, status report, 2 May 2003;
12, 13. Googlemap;
14, 15. 中冶置业集团设计研发部;
16, 17. 房产中介网站;
18. 作者绘;
19. 住宅的通风问题及其对策，住宅科技，2006.10;
20. 网络图片;
21, 22. 中冶置业集团设计研发部;
23. JYu, Q Ouyang, Yingxin Zhu, H Shen, G Cao, W Cui, A Comparison of the Thermal Adaptability of people accustomed to Air Conditioned Environments and Naturally ventilated Environments. Indoor Air 22: 110-118 2012;
24, 25. Wouter van Marken Lichtenbelt, Mark Hanssen, Hannah Pallubinsky, Boris Kingma & Lisje Schellen. Healthy excursions outside the thermal comfort zone. Building Research & Information, Volume 45, 2017 - Issue 7: Rethinking thermal comfort;
26, 27. Lowen, A.C., S. Mubareka, J. Steel, and P. Palese. 2007. Influenza Virus Transmission Is Dependent on Relative Humidity and Temperature. PLOS Pathogens. 3（10）: e151;
28. 国家住宅工程中心;
29~33. 中冶置业集团设计研发部;
34. http://www.jzzysh.com/NewsView.asp?id=420;
35, 36. 公众号"健康住宅"2月3日切断家中冠状病毒传播的"隐形"途径，确保居家健康;
37~43. 中冶置业集团设计研发部;
表1.《民用建筑供暖通风与空气调节设计规范GB 50736—2012》;
表2. 中冶置业集团设计研发部参考相关标准绘制;
表3. 中冶置业集团设计研发部;

表4. 国家住宅工程中心

第6章

1，2. 环境设计研究 微信公号文章：谷歌Sidewalk项目凉了，松下全太阳能智慧小镇建成了！408研究
   小组；
3. 《智慧城市 建筑及居住区综合服务平台通用技术要求》GB/T 38237-2019；
4~9. 中冶置业集团设计研发部；
10. DORMA自动平开门机组产品册；
11. GILGEN自动平开门机组产品册；
12~14. 中冶置业集团设计研发部；
15~17. 启润科技产品手册；
18. 中冶置业集团设计研发部；
19. 启润科技产品手册；
20. 春雷健康；
21. 作者拍摄；
22~24. 中冶置业集团设计研发部；
25. 万科物业；
26. 作者拍摄；
27. 中冶置业集团设计研发部；
28~30. APP截图；
31. 启润科技产品手册；
32. 极果网；
33. 中冶置业集团设计研发部

结语

1. 作者绘；
2. international Energy Agency，2019Global status report for buildings and construction

这是我的第一本书。从没想过我还能写本书。

来北京上大学之前，不知何谓建筑，家乡村镇的房子简陋，看不到什么宏伟的建筑。不知是什么缘，有幸到清华学建筑，犹记关先生的第一堂建筑课，讲恰当得体的建筑，从此开启了我的建筑梦。在清华的七年多，摸爬滚打，努力认真，课业成绩不过平庸。毕业后，我在建筑设计院工作了四年，体会营建是百年大计，作为建筑师，看着自己的设计在无数工人挥汗如雨、各种大型机械忙忙碌碌中建起来很有成就感，当建筑运行后回访，看到功用如预期的完好，人们在其中生活、工作得身心愉快，成就感更加强烈。无奈建筑师也买不起房，进入房地产行业，这是市场推动，也是个人带着遗憾的选择，保持着建筑师的梦想和对技术的较真儿，我关注的是我设计的房子、公司开发卖出的房子能否为人们遮住百年的风雨，我知道我的工作成果将承载着千家万户几十年的幸福，责任之重，不容玩忽。我曾带队专门去考察十年左右的住宅小区，现场分析墙皮脱落，屋面滑移，管道渗漏，甚至，混凝土的烟囱盖板都酥了，这种耐久的材料一捏就碎，因缺少配筋，表面细细的裂缝，经不住十年冻融……在这个资本为王的行业，一直没能跨越技术转变成职业经理人，年过不惑，方才悟到，我就是一名工程师的料。最近几年，在央企中冶置业集团，与清华大学、国家住宅工程中心等机构合作，开展了一些有关绿色健康建筑的课题，也与华为、阿里云在智慧社区方面进行了一些在行业内算是较早的探索，其实我并无什么学术能力，只是一线实践的经验多一点，有一点用户思维，所做的主要是将科研机构的理论与房地产项目开发生产结合起来。

2020年1月22日，武汉因新冠病毒肺炎疫情而封城，我立即取消了春节去新疆滑雪的旅行计划，每日刷着疫情消息，焦虑恐慌，看到寂静的城市景象，看到在大街上的大规模消杀，反映出武汉当时的病毒密度可能很大，强烈地感受到与病毒战争的气氛。我觉得我不能支援一线，也要尽点儿力，结合我对住宅空间及各种设备管路的理解，写了一篇"建筑师给防疫居家隔离期通风等措施的建议"，征求了一些专家的意见，在2月2日通过微信发出。上班后，组织团队学习协同办公软件，用腾讯文档等工具，对现有的健康住宅科技体系的研发成果做了防疫性能分析，陆续又发表了几篇文章，受到了些关注，也引起了另两位作者的兴趣。

在这期间，学界、业界组织了很多线上的认真研讨，同时市场上各种空气净化等相关产品有不少经不起推敲的借机炒作，作者希望写这本书能在两方面有点作用，一是从多专业角度对社区建设提升防疫性能进行系统性梳理，二是给公众以理性认识，避免不相关技术的过度应用而造成浪费。我国此次疫情防控通过艰苦卓绝的努力取得了胜利，向国际社会展示了科学防疫措施和社会组织能力，提供了很多宝贵的经验。同时，出版社的编辑也敏锐地关注到社区建设在防疫方面的问题，向我们提出系统地总结思考的希望，对于这样一个重要议题，我们深感到责任重大而能力不足，但我们只是开个小头，所以本书的名字是"……ABC"，恐怕人类与病毒、细菌的战争还会有很多，城市发展也非常快，希望未来更多的专家学者关注这个课题，有更多的成果。

这一本书，凝聚了多人共同的努力，作者林朗是一位非常优秀、有追求的建筑师，他其实正在休养中，欣然加入这个任务，怀着极大的热情工作，也非常严谨地查阅了大量资料，从城市发展史和微生物学、环境卫生学等方面补充丰富了很多理论，付出了很多心血，让我须不时提醒他注意休息。张育南本来就是大学里的学者，在城市规划领域有深厚的积累，正是因为他在微信上转了我一篇文章被建工出版社的编辑看到，然后一起给我很大的鼓励。对于一个习惯画图而写东西头疼，更没想过写书的我，还是不敢答应，在这种情况下又热心地提出他可以给予的支持帮助，我知道他是出过了好几本书了，严谨求真，正好是补充，这才给了我很大信心，最终还是接下来。写一本书确实不容易，从立项到出版经过了很长时间，三人的思想也有碰撞，读者可能会看到不同章节有一点文字习惯等差异，但正是三人在不同领域有不同经验，相互补充，相互尊重，汇聚成这一本书。编辑也非常努力认真，出版社多轮校稿，版式设计等细细打磨，预计到正式出版还会经历一段时日。

感谢我们的导师——袁镔教授，本书里的很多理念，其实还是来自袁先生当年的教导，袁老师高瞻远瞩又务实笃行，从人类共同面临的全球气候问题，到中国的环境问题和应对策略，再到具体一栋建筑所采取的科学理念和技术措施，其间的人本和生态理念，已经成为我的信仰，指导我质朴地生活。这次对这本书的批阅指导，一如当年对我硕士论文的指导，让我深受感动。袁先